中等职业教育课程改革国家规划新教材

经全国中等职业教育教材审定委员会审定

电工电子技术与技能

（非电类通用）

（第二版）

主编　邓文新　王　英

科学出版社

北　京

内 容 简 介

本书经全国中等职业教育教材审定委员会审定为"中等职业教育课程改革国家规划新教材"，是依据教育部发布的《中等职业学校电工电子技术与技能教学大纲》编写而成的。本版在第一版的基础上做了必要修订与增补。

本书共12个单元，介绍了电路基础、电工技术、模拟电子技术和数字电子技术的基础知识，并安排了7个实训项目，力图使学生在学习基础知识的同时增强动手能力，以巩固所学知识。

本书配有习题册，可作为中等职业学校非电类专业学生学习电工电子技术的教材，也可供电工电子技术初学者参考使用。

图书在版编目（CIP）数据

电工电子技术与技能：非电类通用/邓文新，王英主编. —2 版. —北京：科学出版社，2021.10

ISBN 978-7-03-067643-6

Ⅰ. ①电… Ⅱ. ①邓… ②王… Ⅲ. ①电工技术-中等专业学校-教材 ②电子技术-中等专业学校-教材 Ⅳ. ①TM ②TN

中国版本图书馆 CIP 数据核字（2020）第 270237 号

责任编辑：陈砺川 / 责任校对：赵丽杰
责任印制：吕春珉 / 封面设计：东方人华平面设计部

科 学 出 版 社 出版
北京东黄城根北街 16 号
邮政编码：100717
http://www.sciencep.com
三河市中晟雅豪印务有限公司印刷
科学出版社发行　各地新华书店经销
*
2010 年 6 月第 一 版　　2021 年 10 月第十五次印刷
2016 年 2 月修 订 版　　开本：787×1092　1/16
2021 年 10 月第 二 版　　印张：16 1/4
字数：374 000
定价：48.00 元
（如有印装质量问题，我社负责调换〈中晟雅豪〉）
销售部电话 010-62136230　编辑部电话 010-62135763（1028）

第二版前言

本教材第一版经全国中等职业教育教材审定委员会审定，被评为"中等职业教育课程改革国家规划新教材"，已重印十多次，被广泛应用于全国各省份学校的教学中，编写体例和内容受到了普遍欢迎，是中等职业教育非电类专业学生学习电工电子技术与技能的有效参考用书。

本教材紧紧围绕中等职业教育的培养目标，遵循职业教育教学规律，从满足经济社会发展对高素质劳动者和技能型人才的需要出发，在课程结构、教学内容、教学方法等方面进行了新的探索和改革创新，对于提高新时期中等职业学校学生的思想道德水平、科学文化素养和职业能力，促进中等职业教育深化教学改革、提高教育教学质量起到了积极的推动作用。

本次改版修订了第一版中的错漏之处，并适度调整了教材的内容，将部分内容进行合并、删减。例如，将单元 1 与单元 6 的保护接地和保护接零整合为一个单元，把单元 6 的电力供电与节约用电部分与单元 7 整合；将单元 10 与单元 11 整合，使教学内容更加紧凑、严密和连贯，更加有利于教师教学和学生对知识、技能的接受。在改版时也删除了对学生后续课程学习关联不大、今后就业用得较少的选学内容，使本教材更适合当前及今后几年的中职教育。同时，编者更新了习题册；通过二维码的形式，增加了有益的阅读内容，在不增加教材厚度的同时为教材内容做了很好的补充。教材中打"*"号的小节为选学内容。

本教材由邓文新、王英担任主编。王英设计了教材的编写目录及内容结构，并编写单元 1～单元 5；邓文新编写单元 6～单元 10，并负责全书统稿；刘云波编写单元 11～单元 12，以及实训项目 1～实训项目 7。

希望各地学校在使用本教材的过程中，及时提出修改意见和建议，使之不断得到完善和提高，编者将不胜感激。

编者联系方式：13521217896@163.com。

第一版前言

本教材是教育部中等职业教育课程改革国家规划新教材之一，是按照教育部 2009 年颁发的《中等职业学校电工电子技术与技能教学大纲》（以下简称《大纲》）编写的。在编写过程中，本书遵循了教育部有关中等职业教育教学改革的指导思想，严格按照《大纲》的要求，注重体现本课程的非电类专业基础平台课的性质。在内容的安排和深度的把握上，坚持传授电工和电子技术基础知识和基本技能，培养学生运用所学知识分析和解决实际问题的能力，为学生的后续专业课程学习奠定基础，按照教育部本轮国家规划新教材的编写要求，本教材的编写有如下几个特点。

1. 在内容的选取上，坚持体现职业的需求和行业发展的趋势和要求，使本教材与技术标准、技术发展及产业实际紧密联系，注重新知识、新技术、新工艺、新方法的内容讲解；以能力为本位，贴近实际工作过程，努力体现职业教育改革的方向，以及与职业活动的对接；力求与行业的职业规范和职业技能鉴定标准对接，以实现职业教育"双证制度"的紧密结合。

2. 在体系设计上，针对本课程的平台性基础课程的定位，以"大纲"要求为主线，进行相关知识与技能的梳理与整合，构建了理论知识学习与技能培养相互融合、双向互动的体系架构：

一是在结构上强化了"做中学"的指导思想，针对课程的性质和定位，以项目、任务为载体，设计了大纲规定的"实训项目"和"实践活动"；在理论知识引入方面设计了"小实验""看一看，找一找"等活动，以帮助学生理解课程的理论知识，懂得"是什么，有什么用"；对于一些难以理解但又必须理解和掌握的相关知识，设计了可供师生动手实践的"仿真实验"，把抽象的原理、定理转变为直观形象教学，使本教材充分体现了职业教育"做中学"的基本理念。

二是按照大纲要求，共设计安排了 7 个"实训项目"和 5 个"实践活动"，并遵循从感知到认知的学习过程，设计安排了"知识窗""小实验""仿真实验"，强化了通过实验和实践活动进行理论知识学习。与此同时，为了有利于学生的接受、理解与记忆，设计了"巩固训练"和"思考与练习"，以及"实训考核"和"自我评价"，以强化和巩固学生所学的知识与技能。

本教材所设计的"仿真实验"使用的是应用广泛的 EWB 教学仿真软件，便于各地区各学校使用。

3. 在呈现形式上，针对中职学生的身心特点，根据学习内容的需要，力求图文并茂，对需要引起学生重视的内容，加入"关键与要点""特别提示"等，以引起学生的兴奋点和关注点，启发他们的自我学习能力。与此同时，在版面设计上，对于大纲规定的理论知识采用了偏版心设计，留出了部分版面空间供学生在课前、课后或随堂进行笔记，既活跃了版面，又方便学习。

4. 为方便教学，为本课程的教学配套了习题册、课件，师生可登录 www.abook.cn 进入科学出版社职教技术出版中心网站下载使用。

本教材是按照教学大纲建议学时进行编写的，其中基础模块作为必修的基础性内容为

54 学时，选学模块（"知识拓展"内容和用"*"标注的内容）42 学时，可供教师按照大纲的要求选用。其学时具体分配如下：

教学单元	内容	建议学时
单元 1	电的认识与安全用电	4
单元 2	直流电路	8
单元 3	电容与电感	6
单元 4	单相正弦交流电路	10
单元 5	三相正弦交流电路	8
单元 6	常用电工电器	14
单元 7	三相异步电动机的基本控制	6
单元 8	电子仪器仪表的使用与焊接技术	10
单元 9	常用半导体器件及整流、滤波和稳压电路	8
单元 10	放大电路与集成运算放大器	6
单元 11	数字电子技术基础	4
单元 12	组合逻辑电路和时序逻辑电路	6
机动		6
合计		96

在本教材的编写过程中，我们得到了教育部职业技术教育中心研究所邓泽民教授和重庆龙门浩职业中学刘平兴校长、张小毅副校长，重庆渝北职教中心张扬群校长的大力支持。本教材编写工作的顺利完成，得益于他们主持研究的国家社会科学基金"十一五"规划课题"以就业为导向的职业教育教学理论与实践研究"研究成果的支撑；同时还得益于杨少光先生和万晓航高级讲师对本教材所付出的辛勤劳动。在此，谨向他们表示由衷的敬意和诚挚的感谢。

王 英

2010 年 6 月 22 日

目 录

第一部分　电路基础

单元 *3* 电容与电感 36

第二部分　电工技术

单元 7　三相交流异步电动机的基本控制

第三部分　模拟电子技术

单元 8　电子仪器、仪表的使用与焊接技术

第四部分　数字电子技术

单元 11　数字电子技术基础

179

单元 12　组合逻辑电路和时序逻辑电路

188

第五部分　实训项目

第一部分

电 路 基 础

电的认识与安全用电

单元学习目标

知识目标

1. 认识电工实训室，了解实训室及操作台交、直流供电系统的电源配置；了解常用电工工具和仪器、仪表的类型及作用，培养安全用电与规范操作的职业素养。
2. 了解电工实训室安全操作规则及安全用电的规定。
3. 了解人体触电类型及常见原因，掌握预防触电的保护措施。
4. 了解触电现场紧急处理措施。
5. 了解电气火灾的防范及扑救常识。
6. 了解用电保护的常用方法及其应用。

能力目标

1. 认识常用电工工具。
2. 会在日常生活中应用安全用电常识及触电预防措施等。
3. 能够保护人身与设备的安全，防止发生触电事故。

了解电工实训室

电是"看不见、摸不着"的，但是电在人们的生活中发挥着巨大作用，现代人是离不开电的。

现在我们就通过随处可见的各式各样的家用电器来认识电的应用；走进学校的实训室了解并学习与电工电子技术有关的电工仪器、仪表及常用工具。

■ 1.1.1 电与生活

自然界存在各种电现象，如打雷，那是由静电引起的。

随着科学的发展，电成为人类使用最多、最方便的能源。图1.1所示是我们生活中常用的部分电器产品。由此可见，我们的生活基本是离不开电的。

| 电灯 | 吹风机 | 电饭煲 | 空调 | 电磁炉 |

图1.1 生活中常用的部分电器产品

■ 1.1.2 走进电工实训室

先参观电工实训室，对电工实训室的布局、设备设施有一个初步的印象。图1.2所示是电工实训室的实训操作台。

电工实训室的每个工位都有实训操作台，它由台面和控制面板组成。在控制面板上装有

图1.2 电工实训室的实训操作台

交流、直流电源，显示输出电压的电压表，显示输出电流的电流表，还有漏电保护装置等。它们构成了交流、直流供电系统。电工实训室操作台上的交流、直流供电系统是怎样配置的呢？图1.3（a）所示就是实训操作台的控制面板；图1.3（b）所示是控制面板上的交流电源输入和输出部分，通过调整面板开关和调控器件，可以提供实训中所需的多种不同的交流、直流电压；图1.3（c）所示则是控制面板上交流、直流电源混合输出部分，这是电工实训室的主要设备。

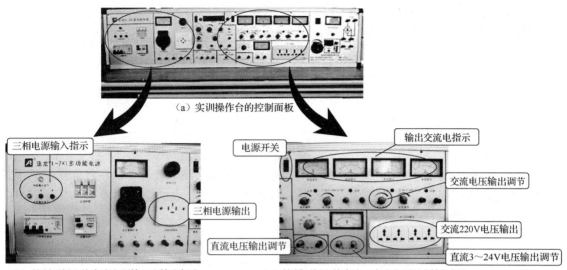

（a）实训操作台的控制面板

三相电源输入指示

电源开关

输出交流电指示

交流电压输出调节

三相电源输出

交流220V电压输出

直流电压输出调节

直流3～24V电压输出调节

（b）控制面板上的交流电源输入和输出部分

（c）控制面板上的交流、直流电源混合输出部分

图 1.3 实训室电源操作控制台

■ 1.1.3 认识常用电工工具和仪器、仪表

1. 电工工具

电工工具是电气操作的基本工具。电气操作人员必须掌握常用电工工具的结构、性能和正确的使用方法。常用电工通用工具如图 1.4 所示。

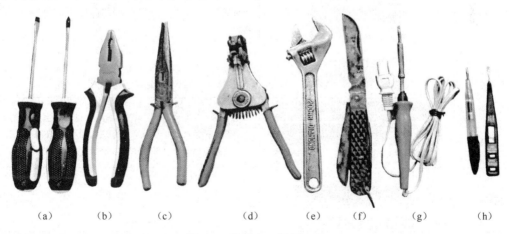

（a）   （b）   （c）   （d）   （e）   （f）   （g）   （h）

图 1.4 常用电工通用工具

在图 1.4 中，从左至右依次是：

一字、十字螺钉旋具：用于旋动螺钉 [图 1.4（a）]；

钢丝钳：用于剪切导线、金属丝，剥削导线绝缘层，起拔螺钉等 [图 1.4（b）]；

尖嘴钳：用于在较狭小空间操作及钳夹小零件、金属丝等 [图 1.4（c）]；

剥线钳：用于剥削导线线头绝缘层 [图 1.4（d）]；

扳手：用于旋动带角的螺钉、螺母 [图 1.4（e）]；

电工刀：用于剥削导线绝缘层，削制其他物品 [图 1.4（f）]；

电烙铁：用于焊接电路、元器件 [图 1.4（g）]；

试电笔：左边一支为氖管式，右边一支为数字式，用于检验线路和电器是否带电 [图 1.4（h）]。

2. 电工仪器、仪表

在电工职业岗位中，电工测量是不可缺少的一项重要工作，它是借助各种电工仪器、仪表，对电气设备或电路的相关物理量进行测量，以便了解和掌握电气设备的特性和运行情况，检查电气元器件的质量好坏。可见，认识并掌握电工仪器、仪表的正确使用是十分重要的。

常用电工仪器、仪表如表 1.1 所示。

表 1.1 常用电工仪器、仪表

仪器仪表	设备图示	功能及用途
万用表	机械式 数字式	万用表是一种多功能、多量程的便携式电工仪表，又称为多用表、三用表、复用表，一般万用表可测量直流电流、直流电压、交流电压、电阻和音频电平等，有些万用表还可测量电容、频率、晶体管共射极直流放大系数 h_{FE} 等
示波器		通过显示屏显示被测信号的波形，测量信号的幅度与周期，也可以从双通道的输入完成信号的比较（如相位与相位差的比较）
钳形电流表		主要用于在不剪断导线的情况下直接测量电路中的电流；使用时只要选好量程，将待测电流的导线穿过钳口中间即可读数
信号发生器		信号发生器又称为信号源或振荡器，能够产生多种波形，如三角波、锯齿波、矩形波（含方波）、正弦波等信号，在电路实验和设备检测中具有十分广泛的用途
毫伏表		测量交流信号的电压

▌1.1.4 电工实训室安全操作规程

在电工实训中，安全操作规程是保护人身与设备安全、确保实训顺利进行的重要制度。进入实训室后要严格按照电工实训室安全操作规程开展实训，否则将危及自身或他人及国家财产的安全。电工实训室常用安全操作规程如下。

电工实训室安全操作规程

1. 实训前，应根据要求做好器材、工具准备和检查工作。

2. 实训课严格按实训章程安全操作，要防止触电事故和其他安全事故的发生，保证人身和设备的安全。

3. 实训课不迟到、不早退，不做与实训课内容无关的事。按技能训练目标、实训步骤进行，并完成相应的实训报告。

4. 注意保管好自己的器材、工具，以防损坏或遗失。

5. 爱护国家财产，按操作规则使用仪器设备，如有损坏，按有关规定执行。

6. 每次实训结束后，应关闭所有电源，将工具、仪器、仪表按规定摆放整齐。

7. 爱护实训室清洁卫生，每次实训课后，应认真清洁实训设施及实训场地。

8. 及时填写相关记录表。

安全操作规程是
真的很重要哦！

1.2

安全用电常识与触电急救方法

电固然给我们的生活带来了方便，但如果使用不当，也会发生触电和火灾事故等，因此我们必须采取措施避免触电及其他事故，并学会触电现场抢救措施及电气火灾的扑救方法。

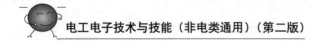
▌1.2.1 安全用电常识

1. 人是电的导体

人体主要由水分、蛋白质和脂肪组成，其中水分占体重的 65% 左右，因此人体也是电的导体；一旦人处于触电状态且有电流通过心脏，心肌就会不规则地收缩，使心脏失去功能，导致休克甚至死亡（图 1.5、图 1.6）。

图 1.5　人体触电

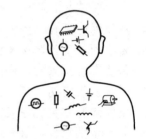

图 1.6　人体就是复杂的电路

使流过人体的电流不超过允许范围的电压为安全电压，按国家规定，安全电压值为交流 50Hz，有效值 50V。人体接触此值以下的电压时是安全的，超过此值就不安全了。

2. 人体触电

发生触电的原因大致分为以下两种情况。

（1）直接接触到裸露着的带电体

在家中，小孩可能因好奇而把手中的东西插入插座中；大风后断落的电线也是造成触电的原因之一。

（2）触摸到绝缘不良的电动机或用电器外壳

人触摸绝缘不良的电器外壳时，电流会顺着电器→人体→地面的通路流过而导致人体触电，如图 1.7（a）所示。因此，为防止触电，电气设备均需采取接地与接零措施，以保护人体［图 1.7（b）］。

在潮湿环境中使用的洗衣机、空调、微波炉等有接地措施是十分必要的。

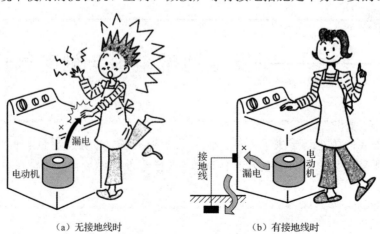

（a）无接地线时　　　　　　　（b）有接地线时

图 1.7　接地的理由

知识窗　**触电危害**

电流对人体的伤害一般分为两种类型——电击伤与电灼伤。

电击伤：指电流流过人体时造成的人体内部的伤害，主要破坏人的心脏、肺及神经系统的正常工作。电击的危险性最大，一般触电死亡事故都是由电击造成的。

电灼伤：指电弧对人体外表造成的伤害。主要是局部的热、光效应，轻者只见皮肤灼伤，严重者灼伤面积大，并可深达肌肉、骨骼，常见的有灼伤和皮肤金属化等，严重时可危及人的生命。

3. 短路

短路是指电流不通过负载，直接由导线将电源正负极接通的状态。

一旦发生短路，瞬间就会流过很大的电流，线路会因发热引起火灾。家用电器的电源线老化或长期扭曲等易发生此危险，平时应注意检修。

1.2.2　触电急救方法

1. 触电现场处理

发现有人触电，最关键、最首要的措施是使触电者尽快脱离电源。使触电者脱离电源的方法如表 1.2 所示。

表 1.2　使触电者脱离电源的方法

触电现场处理方法	示意图	操作方法
立即切断电源		迅速拉开闸刀或拔去电源插头。用绝缘工具夹断电线是指用刀、斧、锄等带绝缘柄的工具或硬棒，从电源的来电方向将电线砍断或撬断，切断电线时注意人体切不可接触电线裸露部分和触电者
让触电者脱离带电体		用手拉触电者的干燥衣服，同时注意自己的安全（可踩在干燥的木板上）
用绝缘棒拨开触电者身上的电线		用不导电物体（如干燥的木棍、竹棒或干布等物体）使触电者尽快脱离电源；急救者切勿直接接触触电者，防止自身触电而影响抢救工作的进行

2. 脱离电源后的抢救工作

当触电者脱离电源后，应在现场就地检查和抢救并呼叫救护车，抢救步骤如下：

1）将触电者移至通风干燥的地方，使触电者仰卧，松开衣服和腰带，检查瞳孔是否放大、呼吸和心跳是否存在。

2）对失去知觉的触电者，若呼吸不齐、微弱或呼吸停止而有心跳的，应采用口对口人工呼吸法进行抢救。

3）对有呼吸、心跳微弱或无心跳者，应采用胸外心脏按压法进行抢救。

> **知识窗　口对口人工呼吸法**
>
>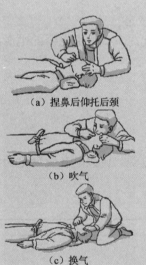
>
> （a）捏鼻后仰托后颈
>
> （b）吹气
>
> （c）换气
>
> 图1.8　口对口人工呼吸法
>
> 第一步：捏鼻后仰托后颈 [图1.8（a）]。
>
> 将触电者颈部伸直，头部尽量后仰，掰开口腔，清除口中污物，取下假牙；如果舌头后缩，应拉出舌头，使进出人体的气流畅通无阻；如果触电者牙关紧闭，可用木片、金属片从嘴角处伸入牙缝慢慢撬开。
>
> 第二步：吹气 [图1.8（b）]。
>
> 救护者位于触电者头部一侧，将靠近头部的一只手捏住触电者的鼻子，并将这只手的外缘压住额部，另一只手托起其颈部，将颈上抬，这样可使头部自然后仰，解除舌头后缩造成的呼吸阻塞。救护者深呼吸后，用嘴紧贴触电者的嘴（中间也可垫一层纱布或薄布）大口吹气，同时观察触电者胸部隆起的程度，一般应以胸部略有起伏为宜；对儿童吹气，一定要掌握好吹气量的大小。
>
> 第三步：换气 [图1.8（c）]。
>
> 吹气至待救护者可换气时，应迅速离开触电者的嘴，同时放开捏紧的鼻孔，让其自动向外呼气。
>
> 上述步骤反复进行。对成年人，吹气每分钟14～16次，大约每5s一个循环，吹气时间稍短，约为2s；呼气时间要长，约为3s。对儿童吹气，每分钟18～24次，这时不必捏紧鼻孔，让一部分空气漏掉。

> **知识窗　胸外心脏按压法**
>
> 第一步：急救准备 [图1.9（a）]。
>
> 将触电者就地仰卧在硬板或平整的硬地面上，解松衣裤，救护者跪跨在触电者腰部两侧。
>
> 第二步：确定正确的按压位置 [图1.9（b）]。
>
> 将一只手的掌根按于触电者胸骨以下横向 1/2 处，中指指尖对准颈根凹膛下边缘，另一只手压在
>
>
>
> （a）急救准备　　（b）确定正确的按压位置
>
> 图1.9　胸外心脏按压法

那只手的背上，两手呈交叠状，肘关节伸直。

第三步：按压 [图 1.9（c）]。

靠体重和臂与肩部用力，向触电者脊柱方向慢慢压迫胸骨下段，使胸廓下陷 3～4cm，心脏因此受压，心室的血液被压出，流至触电者全身各部。

第四步：放松 [图 1.9（d）]。

（c）按压　　（d）放松

图 1.9（续）

双掌突然放松，依靠胸廓自身的弹性，使胸腔复位，让心脏舒张，血液流回心室；放松时，交叠的两掌不要离开胸部，只是不加力而已。

注意：重复第三步和第四步，每分钟 60 次左右。

1.3　保护接地与保护接零

电气设备的金属外壳很容易因设备内部绝缘损坏而带较高电压，带电的金属外壳对电气操作人员有巨大的安全隐患，所以我们通常将电气设备的金属外壳及其金属构架等通过保护接地或保护接零的方式来强制降低外壳电位，让外壳电位在任何情况下都与大地电位相等（相近），从而保护人身安全。

■ 1.3.1　保护接地

将电气设备的金属外壳、金属构架等通过接地装置与大地可靠连接起来，称为保护接地。图 1.10 和图 1.11 所示为接触有保护接地装置和没有保护接地装置的电动机外壳对人体的影响。

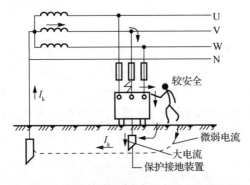

图 1.10　接触有保护接地装置的电动机外壳对
人体的影响（较安全）

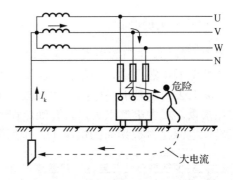

图 1.11　接触没有保护接地装置的电动机外壳对
人体的影响（较危险）

保护接地常用于中性点不接地的三相三线制供电系统中，要求接地体的接地电阻小于

4Ω。一般用镀锌钢管、角钢、圆钢作为人工接地体，水平或垂直埋设在地下规定的深度内。

▌1.3.2 保护接零

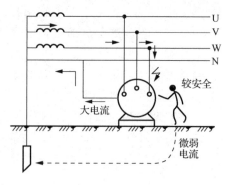

图 1.12 接有保护接零装置的电动机对人体的影响（较安全）

将电气设备的金属外壳、金属构架等与中性线（俗称零线）相连，称为保护接零。图 1.12 所示为接有保护接零装置的电动机对人体的影响。

保护接零用于中性点接地的三相四线制供电系统中，必须与其他保护装置（如触电保护器、熔断器、断路器等）配合使用，才能保证安全。在低压电网中，还应在中性线的其他地方进行三点以上的接地，即重复接地，以消除中性线断线时的触电危险。

1.4 电气火灾防范与扑救

1. 电气火灾防范

除触电事故外，由于电器使用不当等原因而引起的电气火灾也存在。为了防止电气火灾，应特别注意：①防短路；②防过负荷；③防接触电阻；④电火花；⑤线路老化。对此，消防部门提醒：

一忌私拉乱接电气线路、随意增加线路负荷和不按标准安装用电设备。

二忌电气线路老化后不及时更换，或者电线接头氧化、松动、有油污不及时清理与更换。

三忌电器使用或停电时不拔掉插头。

四忌用钢、铁、铝丝等代替熔丝（俗称保险丝）或超标准使用熔丝。

五忌电气线路不穿管保护或沿可燃、易燃物敷设等。

2. 电气火灾的扑救

当电力线路、电气设备发生火灾时，一般应采取断电灭火的方法，即根据火场不同情况，及时切断电源，然后进行扑救。要注意：千万不能先用水救火，因为一般来说电器都是带电的，而泼上去的水是能导电的，用水救火不仅达不到救火的目的，还可能会使人触电，损失会更加惨重。发生电气火灾，只有确定在电源已经被切断的情况下，才可以用水来灭火。在不能确定电源是否被切断的情况下，可用干粉、二氧化碳、四氯化碳等灭火剂扑救。

> **知识窗 电视机或计算机火灾扑救**
>
> 电器着火时，比较危险的是电视机和计算机着火。如果电视机或计算机着火，即使关掉电源，拔下插头，它们的荧光屏和显像管也有可能爆炸。为了有效地防止发生爆炸，应该按照下列方法去做：当电视机或计算机冒烟起火时，应该马上拔掉总电源插头，然

后用湿地毯或湿棉被盖住它们，这样可以有效阻止烟火蔓延，也能挡住发生爆炸时荧光屏的玻璃碎片。注意：切勿向电视机或计算机泼水或使用任何灭火器，因为温度的突然降低会使炽热的显像管立即发生爆炸。此外，电视机或计算机内仍带有剩余电流，泼水可能引起触电。灭火时，不能正面接近电视机或计算机，为了防止显像管爆炸伤人，只能从侧面或后面接近它们。

知识窗 带漏电保护的断路器

带漏电保护的断路器的动作原理是：在一个铁芯上有两个绕组，即一个输入电流绕组和一个输出电流绕组，当无漏电时，输入电流和输出电流相等，在铁芯上两个电流绕组所产生的磁通的矢量和为零，此时不会在第三个绕组上感应出电动势（电压）。当有漏电时，由于输入电流和输出电流不相等（一部分输入电流经过其他途径流到大地去了，没有流到输出线上），就会引起两个线圈的磁通矢量和不为零，导致在第三个绕组上产生感应电动势（电压）。感应电动势经过放大电路放大后去推动执行机构（脱扣器）动作，最终使开关跳闸。带漏电保护的断路器接线图如图 1.13 所示。

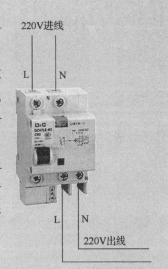

图 1.13 带漏电保护的断路器接线图

思考与练习

一、填空题

1. 发生人体触电的方式常有_____、_____和_____等几种。

2. 发现有人触电，要使触电者尽快脱离电源的方法有_____、_____、_____和_____等几种。

3. 保护接地是指_____。保护接零是指_____。

4. 通常城镇家庭的入户电源线有一根_____、一根_____和一根_____。家庭中为了防止单相触电，最常用的办法是采用_____。

二、简答题

1. 通过参观学校电工实训室，你认识了哪些电工工具和仪器、仪表？

2. 电工实训室有哪些安全操作规程？它们在实训和今后的操作中有什么作用？

3. 当发现有人触电时应该怎么办？

单元 2

直流电路

单元学习目标

知识目标 ☞

1. 了解电路的基本组成。
2. 理解直流电路常见物理量的概念，并能进行简单计算。
3. 会计算导体的电阻，了解电阻器的外形结构、作用及主要参数。
4. 掌握欧姆定律，电阻器串联、并联与混联的特点及计算方法。
5. 理解基尔霍夫定律及其应用。

能力目标 ☞

1. 会识读简单的电路图。
2. 完成教材"第五部分"的"实训项目 1"，会使用万用表测量直流电路的电压、电流；会使用万用表的电阻挡测量电阻，并能正确读数。

2.1

电　路

图 2.1　器材图示

▌2.1.1　电路的组成

通过上面的"连接电路"可以看出，电路由电源（实验电路中的电池）、负载或用电器（试验电路中的灯泡）、控制与保护装置（实验电路中的开关）及导线等组成。它们在电路中的作用如下。

1. 电源

电源为电路提供电能，它是将其他形式的能转换为电能的装置。例如，干电池、蓄电池将化学能转换为电能，发电机将机械能转换为电能。

2. 负载

负载是使用电能的装置，是各种用电设备的总称，其作用是将电路送给它的电能转换成其他形式的能。例如，灯泡将电能转换为光能和热能，电风扇将电能转换为机械能。

3. 控制与保护装置

控制与保护装置控制电路的接通与分断，保护电路和用电设备及操作人员的安全。

4. 导线

导线将电源、负载、控制与保护设备连接成闭合电路，输送和分配电能。

▌2.1.2 电路图

图 2.2（a）是"做一做"的实物电路，但在实际工作中，我们常用电路图表示，如图 2.2（b）所示。这种用规定元器件的图形符号表示电路连接情况的图称为电路图。任何电路都可以用电路图来表示。

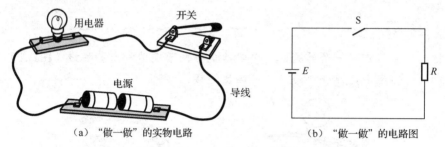

（a）"做一做"的实物电路　　　　　　　　（b）"做一做"的电路图

图 2.2　"做一做"实物电路和电路图的对比

国家规定了电路图中电气元器件的图形符号，使用时必须遵守国家标准。表 2.1 所示为几种常用电气元器件的标准图形符号。

表 2.1　常用电气元器件的标准图形符号

图形符号	说明	图形符号	说明	图形符号	说明
	电阻器		二极管		开关
	可调电阻器		灯		电池
	电位器		电容器		电池组
	熔断器		交叉不连接的导线		发电机
	带磁芯电感器		交叉连接的导线		电流表
	电感器		接地		电压表

2.2 电路的常用物理量

 用水路类比电路来理解电路常用物理量

如图 2.3（a）所示，水泵将水升至水槽 A，产生势能并与水槽 B 形成水压，导致水流到水槽 B。

如图 2.3（b）所示，电路与水路相仿。干电池产生电动势，形成点 A、B 间电位差，即电压，导致电流从 A 流到 B。

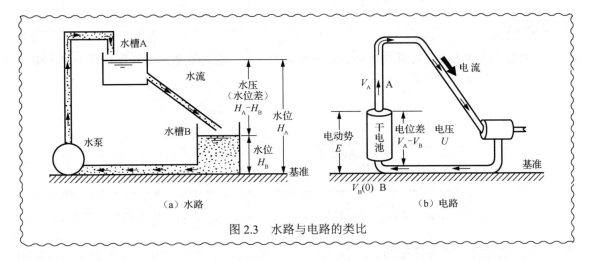

（a）水路　　　　　　　　　　　　　　　　（b）电路

图 2.3　水路与电路的类比

2.2.1　电流

电路中导体内的电子运动的方向及电流方向如图 2.4 所示。

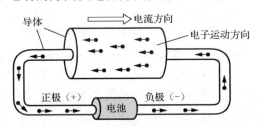

图 2.4　电路中导体内的电子运动方向及电流方向

在自然状态下，导体中的自由电子做无规则的自由运动；在一定外加条件时，如图 2.4 所示的电路中接入电池，导体中的自由电子将在电场力的作用下定向运动形成电流。在电池内由于化学能的作用，带正电荷的离子向电池正极移动，带负电荷的离子向电池负极移动。

人们规定：正电荷运动的方向为电流方向。在金属导体中，电流的方向与自由电子的运动方向相反。

通常把单位时间内通过导体横截面的电量称为电流强度，简称为电流，即

$$I = \frac{q}{t} \tag{2.1}$$

式中，q——通过导体横截面的电量，单位为库仑（C）；

t——导体中通过电量 q 所用的时间，单位为秒（s）；

I——导体中的电流，单位为安培（A）。

1A 的含义是：如在 1s 的时间内通过电路的电量是 1C，则电流就是 1A。

除安培（安）外，常用的电流单位还有千安（kA）、毫安（mA）和微安（μA），它们的换算关系为

$$1kA = 1000A$$

$$1A = 1000mA$$

$$1mA = 1000\mu A$$

　　电流不仅有大小，而且有方向。在分析电路时，电流的参考方向可以任意假定，最后由计算结果确定，如图 2.5 所示。

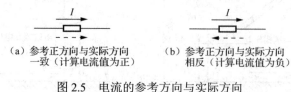

（a）参考正方向与实际方向　　　　（b）参考正方向与实际方向
一致（计算电流值为正）　　　　　相反（计算电流值为负）

图 2.5　电流的参考方向与实际方向

　　另外，电流的大小可以用电工仪器［如电流表（安培表）］和万用表电流挡进行测量。

▊2.2.2　电动势、电位与电压

　　在图 2.3（a）中，水之所以从水槽 A 流向水槽 B，是因为存在着 A 的水位 H_A 与 B 的水位 H_B 之差 $H_A - H_B$，从而产生压力。所谓水位，是指相对于作为基准的某一位置而言的水槽 A 和 B 中水的高度。

　　与水位相类似，在电路中，将某一点相对于某一基准的电的"压力"称为电位。这里的某一基准，一般为大地、电器的金属外壳或电源的负极，称为接地点或零电位点。

　　在图 2.3（b）中，设干电池的 A 点电位为 V_A，B 点电位为 V_B，则由于在电位差 $V_A - V_B$ 的所谓电的"压力"作用下，电路中有电流流过。该电位之差称为电位差或电压。表示电压的符号用 U，单位为伏特，简称为伏（V），即

$$U_{AB} = V_A - V_B \tag{2.2}$$

> **特别提示**：电压与电位的区别是，电位是电路中某点相对于零电位点进行的计算，而电压是对电路中两个确定点进行的计算，不一定是零电位点。

　　在图 2.3（a）中，为了使水能够从上面水槽不断流向下面水槽，必须用水泵提供能量，将下面水槽的水送到上面水槽中。

　　在图 2.3（b）中，电池起着水泵的作用。电池内的化学力具有持续提供电能的能力，保证电流不断流动。在电源内部，电源力（化学力也是电源力）在单位时间内把正电荷从电源负极移送到正极所做的功称为电源的电动势，用符号 E 表示，单位为 V。

　　除伏外，常用的电压、电位单位还有千伏（kV）、毫伏（mV）和微伏（μV），它们的换算关系为

$$1kV = 1000V$$

$$1V = 1000mV$$

$$1mV = 1000\mu V$$

2.2.3 电能和电功率

1. 电能

照明电路通电后灯泡发光、发热，这说明电源能够向用电器提供能量。生活中电灯发光、电炉发热、电动机运转都是电压产生的电流通过用电器做了功（称为电功），将电能转变为光能、热能和机械能。

电流在一定时间内所做的功称为电能，用 W 表示，单位为焦耳，简称焦（J），即

$$W = UIt$$

根据欧姆定律可得

$$W = I^2Rt = \frac{U^2}{R}t$$

在日常生产和生活中，电能的常用单位是千瓦时（度），用 $kW \cdot h$ 表示，即

$$1kW \cdot h = 3.6 \times 10^6 J$$

电能表是我们每个家庭都很熟悉的电能计量仪表（图2.6）。

读数
单位为kW·h
（千瓦时或度）

图 2.6　电能表

2. 电功率

电能只能计量一段时间内电流做功的多少，而不能表述电流做功的快慢。电功率可以衡量用电器电流做功的快慢。电流在单位时间所做的功称为电功率，即

$$P = \frac{W}{t} \tag{2.3}$$

电功率（P）与电流（I）和电压（U）之间的关系是

$$P = UI \tag{2.4}$$

> **特别提示**：掌握电功率与电压、电流之间的关系，对在电路中安全配置电器是十分重要的。负载（电器）的电功率不能超过电路中额定电流和电压的最大负载电功率。

【例 2.1】节能型荧光灯的额定功率为 11W，已知照明用电电压为 220V，使用时通过的电流是多少？每天使用 5h，30 天用多少度电？若每度电 0.5 元，应付电费多少元？

解：由 $P = UI$ 可得

$$I = \frac{P}{U}$$

照明用电的电压是 220V，所以通过这个荧光灯的电流为

$$I = \frac{P}{U} = \frac{11}{220} = 0.05(A)$$

30 天所用电能为

$$W = Pt$$
$$= 11 \times 30 \times 5 \div 1000$$
$$= 1.65(\text{kW} \cdot \text{h}) = 1.65(\text{度})$$

30 天应付电费为

$$1.65 \times 0.5 = 0.825(\text{元}) \approx 0.83(\text{元})$$

答：通过的电流为 0.05A，30 天用电 1.65 度，应付 0.83 元。

2.3 电阻器及其识读

看一看，找一找

电阻器在电路中有多大的作用？图 2.7 是常见的空调遥控器电路板。找一找，有多少个电阻器？从这个电路板上可以看出，电阻器在电路中发挥着重要作用。

电阻器（简称电阻）通过不同的连接方法可以实现对电路中电流、电压的控制，进行电路降压与分压、电路限流与分流。

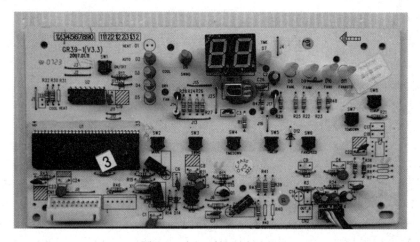

图 2.7　空调遥控器电路板

2.3.1　认识电阻器

电阻器大致可分为有固定电阻值的固定电阻器和在一定范围内可改变电阻值的可变电阻器，可变电阻器又分为电位器和微调电阻器。电阻器的类型很多，常见的电阻器如表 2.2 所示。

表 2.2 常见的电阻器

名称	色环电阻器	熔断电阻器	热敏电阻器
实物图			
名称	绕线电阻器	微调电阻器	贴片电阻器
实物图			
名称	电位器	旋转电位器	贴片电位器
实物图			

2.3.2 电阻与电阻定律

汽车在公路上行驶时，由于车流量大而造成的行车拥堵，会给行车带来阻碍。同理，自由电子在导体中定向移动形成电流时也要受到阻碍，我们把导体对电流的阻碍作用称为电阻。

实验证明：导体的电阻 R［单位为欧姆（Ω）］与其长度 L［单位为米（m）］成正比，与其横截面面积 S（单位为 m^2）成反比，与导体材料的电阻率 ρ 有关，这一关系称为电阻定律。

电阻定律可用数学公式表述为

$$R = \rho \frac{L}{S} \tag{2.5}$$

电阻的单位欧姆比较小，常用的大单位有千欧（$k\Omega$）、兆欧（$M\Omega$），它们的关系为

$$1k\Omega = 1000\Omega$$

$$1M\Omega = 1000k\Omega = 10^6 \Omega$$

式（2.5）中，ρ 是材料的电阻率，单位为 $\Omega \cdot m$。电阻率不同，材料的导电性能有很大差异。表 2.3 为常用导电材料与电阻材料在 20℃时的电阻率。

表 2.3 常用导电材料与电阻材料在 20℃时的电阻率　　　　　单位：$\Omega \cdot m$

材料类型	材料名称	电阻率 ρ	材料类型	材料名称	电阻率 ρ
导电材料	银	1.65×10^{-8}	电阻材料	钨	5.3×10^{-8}
	铜	1.72×10^{-8}		锰铜合金	4.4×10^{-7}
	铝	2.83×10^{-8}		镍铜合金	5.0×10^{-7}
	铁	1.0×10^{-7}		镍铬合金	1.0×10^{-6}

人们根据电阻率的大小，把材料分成了三类：电阻率为$10^{-8}\sim10^{-6}\,\Omega\cdot\mathrm{m}$的材料称为导体；电阻率为$10^{11}\sim10^{16}\,\Omega\cdot\mathrm{m}$的材料称为绝缘体；介于二者之间的材料称为半导体。半导体在电子元器件的研发与生产中起着极为重要的作用。

【例 2.2】直径为 5mm、长度为 1km 的铜线的电阻值为多少？铜线的电阻率是$1.72\times10^{-8}\,\Omega\cdot\mathrm{m}$。

解：求铜线的横截面面积时要注意单位。直径为d、长度为L的铜线的电阻可根据公式$R=\rho\dfrac{L}{S}$求出。其中，$d=5\mathrm{mm}=5\times10^{-3}\,\mathrm{m}$，$L=1\mathrm{km}=1\times10^{3}\,\mathrm{m}$。

首先求出直径为 5mm 的铜线的横截面面积S，则有

$$S=\left(\frac{d}{2}\right)^2\pi=\left(\frac{5\times10^{-3}}{2}\right)^2\times3.14$$

$$=\frac{25}{4}\times10^{-6}\times3.14$$

$$\approx19.6\times10^{-6}\,(\mathrm{m}^2)$$

因此，铜线的电阻值为

$$R=\rho\frac{L}{S}=\frac{1.72\times10^{-8}\times10^{3}}{19.6\times10^{-6}}\approx0.88\,(\Omega)$$

答：铜线的电阻值为 0.88Ω。

2.3.3 电阻器的参数及识读

电阻器的种类多种多样，主要从电阻器上标的主要参数、材料、形状及功率进行识别。

1. 电阻器的主要参数

电阻器的参数较多，这里只讨论技术上经常使用的标称阻值、允许误差及标称功率。

标称阻值：标注在电阻器上的电阻值。电阻器的标称值不是随意的，国家有统一的规定。

允许误差：工厂所生产的电阻器，它的实际电阻值不可能与标称电阻值完全相同，它们之间不可避免地存在不同程度的误差，即允许误差。在实际使用中规定了两种误差表示方法：一种用阿拉伯数字或罗马数字表示；另一种用色标或文字符号表示，并将它们印在电阻器表面。表 2.4 所示为电阻器允许误差表示法。

表2.4 电阻器允许误差表示法

百分比表示	色标表示	文字符号表示	罗马数字表示
1%	棕	F	
2%	红	G	
5%	金	J	I
10%	银	K	II
20%	无色	M	III

标称功率：常温下电阻器在交、直流电路中长期连续工作所能承受的最大功率称为额定功率。由于这个额定功率要标注在电阻体上，所以又称为标称功率。通常功率在 2W 以上的电阻器，它的额定功率直接用阿拉伯数字标注在电阻器上，如图 2.8 所示。小于 2W 的或有必要的，不用阿拉伯数字，而用规定符号标注在电阻体上表示功率（表 2.5）。

图 2.8 电阻器上标注的功率、阻值和误差

表 2.5 常用电阻器标称功率符号的含义

符号	—▨—	—▭—	—▬—	—▭▭—	—▭▭▭—	—Ⅴ—	—Ⅹ—
功率	0.125W	0.25W	0.5W	1W	2W	5W	10W

2. 电阻器阻值的标注方法

电阻器的标称阻值与允许误差的标注方法有直标法、文字符号法和色环法。

（1）直标法与文字符号法

常见电阻器标称阻值的标注方法一般有两种：一种是直接将标称阻值用数字标注在电阻器的表面，这种方法称为直标法，如图 2.9（a）所示；另一种是把标称阻值的整数部分写在单位符号的前面，小数部分写在单位符号的后面，这种方法称为文字符号法。例如，图 2.9（b）中 2k7 表示标称阻值为 2.7kΩ，5R1 表示标称阻值为 5.1Ω。

读一读

电阻器的识读

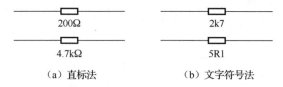

| 200Ω | 2k7 |
| 4.7kΩ | 5R1 |

（a）直标法   （b）文字符号法

图 2.9 直标法与文字符号法

（2）色环法

目前，普通电阻器大多采用色环来标注电阻器自身的阻值和误差，即采用在电阻器表面印制不同颜色的色环来表示电阻器标称阻值和误差的大小，这类电阻器称为色环电阻器，这种标注方法称为色环法。不同的色环代表不同的数值。

1）四环电阻器的识读。常用的电阻器一般为四环电阻器，四个色环代表的具体意义如表 2.6 所示。识读四环电阻器的诀窍：表示精度（误差）的第四环一般为金色、银色和无色。

表 2.6 色环电阻器中各色环的含义

颜色	黑	棕	红	橙	黄	绿	蓝	紫	灰	白
数字	0	1	2	3	4	5	6	7	8	9

在表 2.7 中，设四环电阻器的色环为红、红、红、金，其阻值为 $22 \times 10^2 \Omega = 2.2\text{k}\Omega$，误差为 $\pm5\%$。

2）五环电阻器的识读。五环电阻器的精度较高，标称阻值比较准确，常称为精密电阻器。识读五环电阻器的诀窍：表示精度（误差）的第五环与其他四个色环相距较远，一般为棕色或红色。

在表 2.7 中，设五环电阻器的色环为棕、红、黑、红、棕，则它的阻值为 $120 \times 10^2 \Omega = 12\text{k}\Omega$，误差为 $\pm1\%$。

表 2.7　电阻器色环的意义

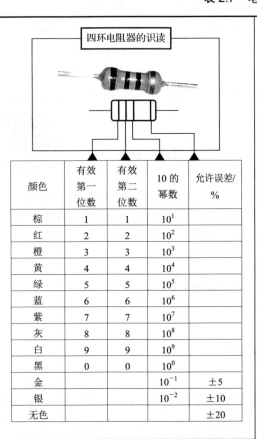

四环电阻器的识读					五环电阻器的识读					
颜色	有效第一位数	有效第二位数	10 的幂数	允许误差/%	颜色	有效第一位数	有效第二位数	有效第三位数	10 的幂数	允许误差/%
棕	1	1	10^1		棕	1	1	1	10^1	±1
红	2	2	10^2		红	2	2	2	10^2	±2
橙	3	3	10^3		橙	3	3	3	10^3	
黄	4	4	10^4		黄	4	4	4	10^4	
绿	5	5	10^5		绿	5	5	5	10^5	±0.5
蓝	6	6	10^6		蓝	6	6	6	10^6	±0.25
紫	7	7	10^7		紫	7	7	7	10^7	±0.1
灰	8	8	10^8		灰	8	8	8	10^8	
白	9	9	10^9		白	9	9	9	10^9	
黑	0	0	10^0		黑	0	0	0	10^0	
金			10^{-1}	±5	金				10^{-1}	
银			10^{-2}	±10	银				10^{-2}	
无色				±20						

练一练 请确定以下电阻器的色环（误差 $\pm5\%$）

56MΩ_____，　820kΩ_____，　47kΩ_____，

3.3kΩ_____，　910Ω_____，　12Ω_____。

欧 姆 定 律

小实验 认识电路中电流与电压和电阻的关系

将图 2.10（a）中的开关 S 打到 a 位置，观察灯泡的亮度；再将开关 S 打到 b 和 c 位置，观察灯泡的亮度。我们会发现开关打到 b 时比开关打到 a 时亮，打到 c 时最亮。

将灯泡换成阻值为 3Ω 的电阻器 R[图 2.10（b）]，重复上面的步骤，测量通过电阻器 R 的电流 I 及其两端的电压 U，分别记入表 2.8 中。我们会发现，当电压增加 1 倍时，电流也几乎增加 1 倍。由此可知，电流与电压成正比。

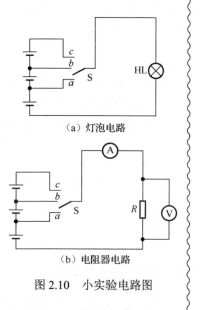

（a）灯泡电路

（b）电阻器电路

图 2.10 小实验电路图

表 2.8 小实验记录表

开关位置	a	b	c
电压/V			
电流/mA			

德国科学家欧姆通过分析电路中电流、电压和电阻相互影响的关系，解释了电路中的以上现象，总结出了欧姆定律。

欧姆定律包括部分电路欧姆定律和全电路欧姆定律。不含电源、只有电阻器部分电路的欧姆定律称为部分电路欧姆定律，含有电源的闭合电路的欧姆定律称为全电路欧姆定律。

▍2.4.1 部分电路欧姆定律

在不含电源的部分电路中，当电阻器两端加上电压时，电流与电路两端的电压成正比，与电路中的电阻成反比，其数学表达式为

$$I = \frac{U}{R} \tag{2.6}$$

式中，I——电路中的电流，单位为 A；

U——电路两端的电压，单位为 V；

R——电路中的电阻，单位为 Ω。

这就是欧姆定律，是电路计算最基本的定律。

部分电路欧姆定律中电阻器的阻值是常量，它不随电流、电压的变化而变化。这种电阻

器称为线性电阻器，由这种电阻器组成的电路称为线性电路。

还有一类电阻器的阻值不是常量，它的阻值会随着加在它两端的电压和通过它的电流的变化而变化，这类电阻器称为非线性电阻器，由它所组成的电路称为非线性电路。

特别提示：利用部分电路欧姆定律，在电路中的电流、电压与电阻三个量中，已知其中两个量，即可求出另一个量（图 2.11）。

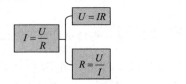

图 2.11　利用部分电路欧姆定律计算 I、U、R

【**例 2.3**】有一个线性电阻器，测得其阻值为 50Ω，将它接在 6V 的电路中，试计算此时通过该电阻器的电流及该电阻器消耗的功率。

解：根据部分电路欧姆定律，有

$$I = \frac{U}{R} = \frac{6}{50} = 0.12\,(\text{A})$$

该电阻器消耗的功率为

$$P = I^2 R = 0.12^2 \times 50 = 0.72\,(\text{W})$$

答：通过这个电阻器的电流为 0.12A。该电阻器消耗的功率为 0.72W。

2.4.2　全电路欧姆定律

部分电路欧姆定律是不考虑电源的，而大量的电路都含有电源，这种含有电源的闭合直流电路称为全电路（图 2.12）。对于全电路的计算，需用全电路欧姆定律解决。全电路欧姆定律为：在全电路中，电流与电源电动势成正比，与电路的总电阻（外电路电阻与电源内阻之和）成反比。其数学表达式为

$$I = \frac{E}{R + r} \tag{2.7}$$

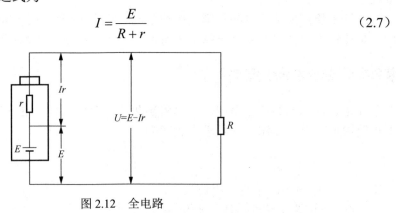

图 2.12　全电路

根据全电路欧姆定律，可以分析电路的以下三种情况。

1）通路：在 $I = \dfrac{E}{R + r}$ 中，E、R、r 数值为确定值，电流也为确定值，电路工作正常。

2）短路：当外电路电阻 $R=0$ 时，由于电源内阻 r 很小，则 $I=\dfrac{E}{r}$，电流趋于无穷大，将烧毁电路和用电电器，严重时可造成火灾。为避免短路造成的严重后果，电路中专门设置了保护装置。

3）断路（开路）：此时 $R=\infty$，有 $I=\dfrac{E}{R+r}=0$，即电路不通，不能正常工作。

【例 2.4】 有一闭合电路，电源电动势 $E=12\text{V}$，其内阻 $r=2\Omega$，负载电阻 $R=10\Omega$，试求电路中的电流、负载两端的电压及电源内阻上的电压降。

解： 根据全电路欧姆定律，有

$$I=\frac{E}{r+R}=\frac{12}{2+10}=1\,(\text{A})$$

由部分电路欧姆定律，可得负载两端的电压为

$$U_外=IR=1\times10=10\,(\text{V})$$

电源内阻上的电压降为

$$U_内=Ir=1\times2=2\,(\text{V})$$

由此可见：$E=U_外+U_内$，即闭合电路中，电源内阻上的电压降与负载两端的电压和等于电动势。

答： 电路中的电流是 1A，负载两端的电压为 10V，电源内阻上的电压降为 2V。

2.5 电阻器的串联与并联

做一做 连接电路

器材：四个灯泡、两个开关、两组电池盒带两节电池和一些导线（图 2.13）。

要求：用两个灯泡串联或并联连接电路，并画出连接图，点亮两个灯泡并观察灯泡的亮度。

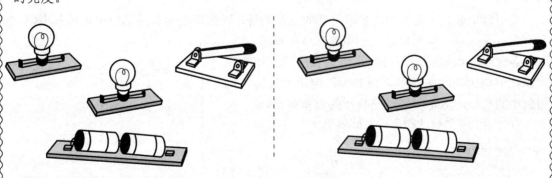

图 2.13 "做一做"器材

2.5.1 电阻器的串联

将两个及两个以上电阻器连成一串，称为电阻器的串联，如图 2.14 所示。

读一读

电阻器串联的应用

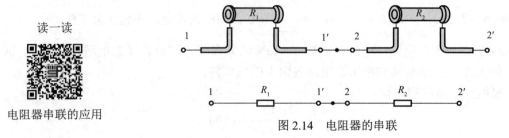

图 2.14　电阻器的串联

1. 串联电路的特性

实验研究证明，电阻器串联电路具有如下特性。

1）串联电路中的电流处处相等，即

$$I = I_1 = I_2 = \cdots = I_n \tag{2.8}$$

2）各电阻器两端的电压根据欧姆定律有下列关系，即

$$U_1 = R_1 I, \quad U_2 = R_2 I, \cdots \tag{2.9}$$

式中，U_1、U_2 分别称为电阻器 R_1、R_2 的电压降，它们之和等于电源电压 U，因此

$$U = U_1 + U_2 + \cdots + U_n \tag{2.10}$$

3）串联电阻器的等效电阻（总电阻）等于各串联电阻器的阻值之和，即

$$R = R_1 + R_2 + \cdots + R_n \tag{2.11}$$

2. 电阻器串联的应用——串联分压

串联的重要作用是分压。当电源电压高于用电器所需电压时，可通过电阻器分压提供给用电器最合适的电压，如扩大电压表量程。

根据欧姆定律 $U = IR$、$U_1 = I_1 R_1$、$U_n = I_n R_n$ 及串联电路的特性 1）可得到

$$\frac{U_1}{U_n} = \frac{R_1}{R_n} \quad \text{或} \quad \frac{U_n}{U} = \frac{R_n}{R}$$

电阻器串联时，由于流过各电阻器的电流相等，因此各电阻器两端的电压按其电阻比进行分配。这就是电阻器串联用于电路分压的原理。

各电阻器两端的电压与其电阻值大小成正比，在大电阻值电阻器的两端可以得到大的电压；反之，则得到小的电压，这是串联电路性质的重要推论。

若已知串联电路（图 2.15）的总电压 U 及电阻 R_1、R_2，则可写出

$$U_1 = \frac{R_1}{R_1 + R_2} U \quad \text{和} \quad U_2 = \frac{R_2}{R_1 + R_2} U \tag{2.12}$$

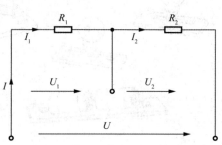

图 2.15　电阻器串联电路

3. 串联电阻器的功率分配

各个电阻器上所分配的功率与其阻值成正比，对于两个电阻器的串联电路，有

$$\frac{P_1}{P_2} = \frac{R_1}{R_2} \qquad (2.13)$$

4. 串联电路的计算

【例 2.5】 电路如图 2.16 所示，已知 $R_1 = 5\Omega$，$R_2 = 7\Omega$，电源电压 $U = 6V$，试计算该电路的等效电阻、电路电流和 R_1 两端的电压，并计算 R_1、R_2 的功率。

解： 等效电阻为

$$R = R_1 + R_2 = 5 + 7 = 12(\Omega)$$

电路电流为

$$I = \frac{U}{R} = \frac{6}{12} = 0.5(A)$$

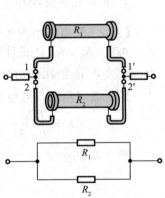

图 2.16　例 2.5 图

R_1 两端的电压为

$$U_1 = IR_1 = 0.5 \times 5 = 2.5(V)$$

R_1、R_2 的功率分别为

$$P_1 = I^2 R_1 = 0.5^2 \times 5 = 1.25(W)$$
$$P_2 = I^2 R_2 = 0.5^2 \times 7 = 1.75(W)$$

答： 该电路的等效电阻为 12Ω，电流为 0.5A，R_1 两端的电压为 2.5V；R_1、R_2 的功率分别为 1.25W、1.75W。

由例 2.5 可见，在串联电路中，电阻器的阻值越大，分配得到的功率就越大。

2.5.2　电阻器的并联

将两个或两个以上电阻器并排连接的方式称为电阻器的并联。例如，两个电阻器 R_1 与 R_2 并联，如图 2.17 所示，是将 1 端与 2 端相连，将 1′端与 2′端相连。

1. 并联电路的特性

实验研究证明，并联电路具有如下特性。

1）并联电路中的总电流等于各支路电流之和，即

$$I = I_1 + I_2 + \cdots + I_n \qquad (2.14)$$

2）各支路上的电压相等，都等于总电压，即

$$U = U_1 = U_2 = \cdots = U_n \qquad (2.15)$$

3）总电阻的倒数等于各电阻的倒数之和，即

$$\frac{1}{R} = \frac{1}{R_1} + \frac{1}{R_2} + \cdots + \frac{1}{R_n} \qquad (2.16)$$

两个电阻器并联，其总电阻为

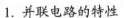

图 2.17　电阻器的并联

读一读

电阻器并联的应用

$$R = \frac{R_1 R_2}{R_1 + R_2}$$

2. 电阻器并联的应用——并联分流

根据并联电路电压相等的性质可得

$$\frac{I_1}{I_2} = \frac{R_2}{R_1} \quad 或 \quad \frac{I_2}{I_1} = \frac{R_1}{R_2}$$

上式表明，在并联电路中，电流的分配与电阻值成反比，即阻值越大的电阻器所分配到的电流越小；反之，所分配到的电流越大。这是并联电路性质的重要推论，应用较广。当用电器所需电流较小时，可用并联电阻器分流，如扩大电流表量程。

如图 2.18 所示，两个电阻器 R_1、R_2 并联，并联电路的总电流为 I，则总电阻为

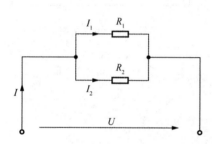

图 2.18　电阻器并联电路

$$R = \frac{R_1 R_2}{R_1 + R_2} \tag{2.17}$$

由式（2.17）可得，两个电阻器中的电流 I_1、I_2 分别为

$$I_1 = \frac{R_2}{R_1 + R_2} I \quad 或 \quad I_2 = \frac{R_1}{R_1 + R_2} I \tag{2.18}$$

3. 并联电阻器的功率分配

对于并联电阻器，功率分配与各个电阻器的阻值成反比。以两个电阻器的并联电路为例，有

$$\frac{P_1}{P_2} = \frac{R_2}{R_1} \tag{2.19}$$

4. 并联电路的计算

【例2.6】电路如图 2.19 所示，已知电源电压 $U = 3\text{V}$，$R_1 = 4\Omega$，$R_2 = 6\Omega$，试计算该电路的等效电阻、通过 R_2 的电流和 R_1、R_2 消耗的功率。

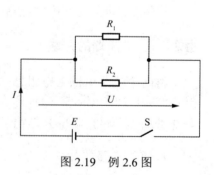

图 2.19　例 2.6 图

解：该电路的等效电阻为

$$R = \frac{R_1 R_2}{R_1 + R_2} = \frac{4 \times 6}{4 + 6} = \frac{24}{10} = 2.4(\Omega)$$

通过 R_2 的电流为

$$I_2 = \frac{U}{R_2} = \frac{3}{6} = 0.5(\text{A})$$

R_1 消耗的功率为

$$P_1 = \frac{U^2}{R_1} = \frac{3^2}{4} = 2.25(\text{W})$$

R_2 消耗的功率为

$$P_2 = \frac{U^2}{R_2} = \frac{3^2}{6} = 1.5(\text{W})$$

答：该电路的等效电阻为 2.4Ω，通过 R_2 的电流为 0.5A，R_1 消耗的功率为 2.25W，R_2

消耗的功率为 1.5W。

由例 2.6 可以看出，在并联电路中，电阻器的阻值越大，分配的功率反而越小。

2.5.3 串并联等效电阻的计算

如图 2.20（a）所示，R_2 与 R_3 并联，再与另一电阻器 R_1 串联，这称为电阻器的串并联，也称为电阻器的混联。

为了求出串并联电阻器的等效电阻，只要先求出图 2.20（a）中并联部分的等效电阻 R' [图 2.20（b）]；然后与 R_1 串联，再置换为另一个等效电阻 R [图 2.20（c）] 即可。

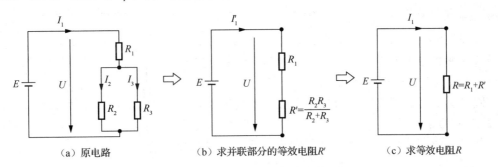

（a）原电路　　　（b）求并联部分的等效电阻 R'　　　（c）求等效电阻 R

图 2.20　串并联等效电阻的计算

【例 2.7】电路如图 2.21 所示，已知 $R_1 = 3\Omega$，$R_2 = 6\Omega$，$R_3 = 4\Omega$，电源电压 $U = 6\text{V}$，试计算该电路的等效电阻、通过 R_3 的电流、R_3 两端的电压 U_3 和它所消耗的功率 P_3。

解：该电路既有串联又有并联，属于混联电路，其中 R_1 与 R_2 并联，再与 R_3 串联。

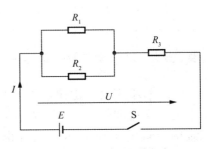

图 2.21　例 2.7 混联电路

1）计算电路的等效电阻。

R_1 与 R_2 并联的总电阻为

$$R_{12} = \frac{R_1 R_2}{R_1 + R_2} = \frac{3 \times 6}{3 + 6} = 2(\Omega)$$

R_1 与 R_2 并联后再与 R_3 串联的总电阻（即电路总电阻）为

$$R_{123} = R_{12} + R_3 = 2 + 4 = 6(\Omega)$$

2）计算通过 R_3 的电流和它两端的电压 U_3。

通过 R_3 的电流就是该电路的总电流，即

$$I = \frac{U}{R_{123}} = \frac{6}{6} = 1(\text{A})$$

R_3 两端的电压为

$$U_3 = I R_3 = 1 \times 4 = 4(\text{V})$$

3）计算 R_3 所消耗的功率。

$$P_3 = I U_3 = 1 \times 4 = 4(\text{W})$$

答：该电路的等效电阻为 6Ω，通过 R_3 的电流为 1A，R_3 两端的电压为 4V，它所消耗的功率为 4W。

2.6 基尔霍夫定律及其应用

学一学 | **电路名词**

支路：由一个或几个元件构成的无分支的电路，称为支路。支路中各元件上通过的电流相等，如图 2.22 中的 aR_1E_1b、aR_2E_2b、$aE_3R_4R_3b$。

节点：三条或三条以上支路的连接点称为节点，如图 2.22 中的 a、b 点。

回路：电路中的任一闭合路径称为回路，如图 2.22 中的 $aR_1E_1bE_2R_2a$、$aE_3R_4R_3bE_2R_2a$、$R_1E_1bR_3R_4E_3aR_1$。

网孔：单一闭合路径中不包含其他支路的回路称为网孔，如图 2.22 中的 $aR_1E_1bE_2R_2a$、$aE_3R_4R_3bE_2R_2a$。

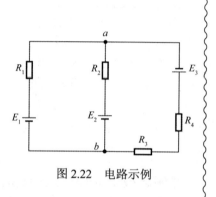

图 2.22 电路示例

2.6.1 基尔霍夫第一定律——节点电流定律

基尔霍夫第一定律也称为节点电流定律，简称 KCL，主要反映连接在同一节点上各个支路电流间的关系。其内容为：对于任意节点，在任一瞬间流入节点的电流之和等于流出节点的电流之和，或者说，在任一瞬间，流过一个节点的电流的代数和恒等于零，即

$$\sum I = 0 \qquad\qquad (2.20)$$

如图 2.23 所示，连接在节点 a 的各支路电流之间的关系为

$$I_1 + I_3 + I_4 = I_2 + I_5 \quad 或 \quad I_1 + I_3 + I_4 - I_2 - I_5 = 0$$

如图 2.24 所示，连接在节点 a 的各支路电流的关系为

$$I_1 + I_2 = I_3 \quad 或 \quad I_1 + I_2 - I_3 = 0$$

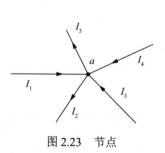

图 2.23 节点

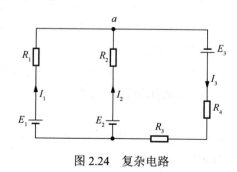

图 2.24 复杂电路

2.6.2 基尔霍夫第二定律——回路电压定律

基尔霍夫第二定律也称为回路电压定律，简称 KVL，其内容为：对于电路中的任一回路，沿任意方向绕行一周，其各部分电压的代数和恒为零，即

$$\sum U = 0$$

但在列方程时要注意各部分电压代数和的正负：如果回路的绕行方向与通过电路中电阻器的电流方向相同，则该电阻器的电压为正，否则为负；如果绕行方向与电源电动势的实际方向相同（即从电源的正极经电源内部到电源负极），则电动势取正，否则取负。

如图 2.25 所示，回路的电压方程为

$$I_1 R_1 - I_2 R_2 - E_3 + I_3 R_3 - I_4 R_4 - E_1 = 0$$

在实际应用中，有可能该回路没有闭合，只要将不闭合两端间的电压列入回路电压方程中即可。如图 2.26 所示，a、b 两点间的电压为 U_{ab}，则根据基尔霍夫第二定律列出的方程为

$$U_{ab} = I_2 R_2 - I_1 R_1 + E_1 + I_4 R_4$$

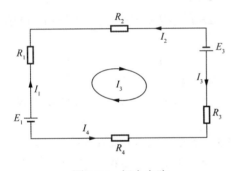

图 2.25　闭合电路

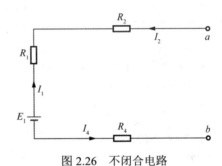

图 2.26　不闭合电路

2.6.3 基尔霍夫定律的应用

基尔霍夫定律是分析复杂直流电路的基本定律，根据基尔霍夫定律可以分析电路中各节点的电流关系和各回路中各段电压的关系，其应用非常广泛。

【例 2.8】在图 2.27 所示电桥电路中，已知 $I_1 = 25\text{mA}$，$I_3 = 16\text{mA}$，$I_4 = 12\text{mA}$，求其余各支路电流。

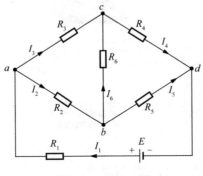

图 2.27　例 2.8 图

解： 根据基尔霍夫第一定律可以列出 a、b、c、d 四个节点的电流方程。

节点 a 的方程为

$$I_1 = I_2 + I_3$$

由此可以算出 I_2

$$I_2 = I_1 - I_3 = 25 - 16 = 9(\text{mA})$$

节点 c 的方程为

$$I_3 + I_6 = I_4$$

由此可以算出 I_6

$$I_6 = I_4 - I_3 = 12 - 16 = -4(\text{mA})$$

I_6 是负值，表明 I_6 的实际电流方向与标出的电流方向相反。

节点 d 的方程为

$$I_4 + I_5 = I_1$$

由此可以算出 I_5

$$I_5 = I_1 - I_4 = 25 - 12 = 13(\text{mA})$$

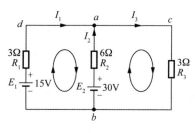

图 2.28　例 2.9 图

【例 2.9】在图 2.28 所示电路中，列出各网孔的回路电压方程。

解： 电路中有两个网孔，标定的网孔的绕行方向及各支路电流的参考方向如图 2.28 所示。

根据基尔霍夫第二定律列出两个网孔的回路电压方程如下：

$$I_1 R_1 - I_2 R_2 + E_2 - E_1 = 0$$
$$I_2 R_2 + I_3 R_3 - E_2 = 0$$

思考与练习

一、填空题

1. 请根据表 2.1，画出下列几个元器件的图形符号。

交叉不相连接的导线 _____

开关 _____

电池 _____

交叉相连接的导线 _____

电灯 _____

电池组 _____

2. 如图 2.29 所示，电压 $U_{ab} = E_1 + E_2$ 的图为 _____。

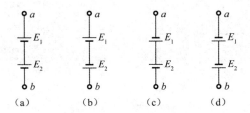

图 2.29　支路电压

二、简答题

1. 电路由哪几部分组成？请举例说明。

2. 外电路有没有电动势？电路中形成电流的原因是什么？

3. 什么是电位和电压？简述它们之间的主要区别。

4. 电能是用来计量电流做功的多少还是用来计量电流做功的快慢的？

5. 写出标注分别为 220Ω、2k7、5R1 的电阻器的标称阻值。

6. 如果把两个 220V、60W 的电灯串联后接在 220V 的家庭用电插座上，会有什么效果？如果将其中一个电灯换成 15W，又会有什么效果？

7. 如图 2.30 所示，支路数、节点数和独立回路数各为多少？

8. 用基尔霍夫第一定律和第二定律列出图 2.31 的等路电流方程和回路电压方程。

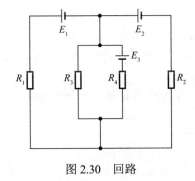

图 2.30　回路

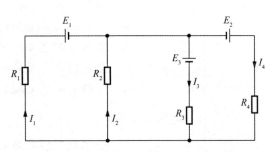

图 2.31　列出电路等路电流方程和回路电压方程

三、计算题

1. 要绕制一个 3Ω 的电阻器，如果选用横截面面积为 0.21mm² 的锰铜丝，问：需要多长？

2. 如图 2.32 所示，电路中 U_{ab} 为多少？

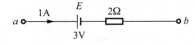

图 2.32　求 U_{ab}

单元 3

电容与电感

3.1

电 容 器

图 3.1 所示是计算机显示器电路板的局部，你能找出其中的电容器吗？由这块电路板可以看出，电容器与电阻器一样，是组成电路的主要元件。

这些元件都是电容器啊？

图 3.1 计算机显示器电路板（局部）

3.1.1 认识电容器

电容器（图 3.2）是电工电子技术中的基本元件之一，它在电力系统中用于提高供电系统的功率因数，在电子技术中常用来滤波、耦合、旁路、调谐、选频等。了解电容器的种类、外形及主要技术参数是非常必要的。

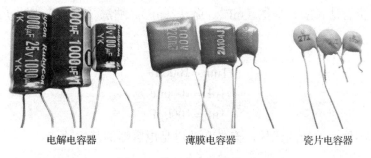

电解电容器　　　　　　薄膜电容器　　　　　　瓷片电容器

图 3.2 常见电容器的外形

两个导电体中间用绝缘材料隔开，就形成一个电容器。图 3.3（a）所示是平板电容器的结构，它包括两块导电板和中间的绝缘材料——空气；图 3.3（b）所示是纸介质电容器的结构；图 3.3（c）所示是电容器的图形符号。

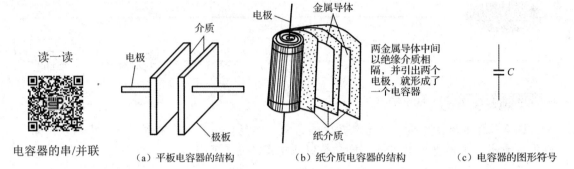

（a）平板电容器的结构　　　　（b）纸介质电容器的结构　　　　（c）电容器的图形符号

图 3.3　电容器的结构及图形符号

电容器中间的绝缘材料称为介质。电容器常用的介质有空气、云母片、涤纶薄膜、陶瓷等。两块导电板称为极板。当给电容器两个极板上加上直流电压后，极板上就会有电荷储存，其储存电荷能力的大小称为电容量，用字母 C 表示。

电容器电容量的大小取决于电容器本身的形状、极板的面积、极板间的距离和介质品种。例如，平板电容器的电容量计算公式为

$$C = \varepsilon \frac{S}{d}$$

式中，ε——绝缘材料的介电常数（不同种类的绝缘材料，其介电常数是不同的）；

$\qquad S$——极板的有效面积，单位为 m²；

$\qquad d$——两极板间的距离，单位为 m；

$\qquad C$——电容量，单位为法拉，简称法（F）。

给电容器两端加上直流电压 U，那么两极板上就会有等量异性电荷 Q 储存，电荷与电容量、电压的关系为

$$Q = CU$$

实验证明：对某一确定电容量的电容器来说，任一极板所带电荷量与两极板间的电压比值是一个常数。这一比值表示电容器加上单位电压时储存电荷的多少，也就是电容器的电容量。

电容量的单位有法（F）、毫法（mF）、微法（μF）、纳法（nF）和皮法（pF），它们的换算关系为

$$1F = 1000mF$$
$$1mF = 1000\mu F$$
$$1\mu F = 1000nF$$
$$1nF = 1000pF$$

电容器是一种储存电能的元件，充电和放电是电容器的基本功能。

1. 常用电容器及其电容量标注的识读

（1）瓷片电容器

图 3.4 所示是瓷片电容器，它的电容量很小。瓷片电容器可存储少量的电荷。瓷片电容

器外壳标注的三位数字表示电容量，其单位一般为 pF。例如，第一个小图中的 224 表示电容量为 $22 \times 10^4 pF$。

（2）薄膜电容器

图 3.5 所示是薄膜电容器。薄膜电容器的介质细分为玻璃膜、漆膜、纸膜、金属膜等多种。薄膜电容器的容量小于 $1\mu F$，但大于瓷片电容器的容量。图 3.5 中的 100n 表示电容量为 100nF （$100 \times 10^3 pF$，即 $1 \times 10^5 pF$）；104 表示电容量为 $10 \times 10^4 pF$；J 为误差级别，表示误差为 $\pm 5\%$。

（3）电解电容器

图 3.6 所示是电解电容器，它的容量通常在 $1\mu F$ 以上，能储存较多的电荷。电解电容器一般是圆柱形的，电容量和耐压均直接标注在外壳上。例如，图 3.6 中的电解电容器容量为 $220\mu F$，耐压为 50V。

图 3.4　瓷片电容器　　　　　　　图 3.5　薄膜电容器　　　　　图 3.6　电解电容器

电解电容器是一种有极性的电容器，要注意两个引脚的极性。其长引脚为正极，短引脚为负极，旁边外壳上有负极的标记。在使用电解电容器时必须分清正负极性，若极性接反，则电解电容器不能正常工作。若工作电压高于电解电容器的耐压，则会导致电解电容器发热而炸开。

（4）可变电容器

有些场合需要容量可变化的电容器。图 3.7 所示是一个可变电容器（转动转轴，它的容量可连续改变）。

2. 用数字式万用表检测电容器

（1）电容量的测量

如果电容器的电容量标注不清，或者你想知道一个电容器的实际电容量，可选择数字式万用表电容挡的适当量程，将电容器双脚插到电容量测量孔，如图 3.8（a）所示。DT890 数字式万用表能测量的最大电容量为 $20\mu F$。图 3.8（b）显示测得的电容量为 $0.473\mu F$，应注意数字后面显示的单位。

图 3.7　可变电容器

（a）将电容器双脚插到电容量测量孔　　　　　（b）电容量显示

图 3.8　用万用表测量电容量

（2）电容器质量的检测

如果测得的电容量与标注值相差太多，说明电容量误差太大，电容器质量有问题。

用万用表电阻 20k 挡测量一个性能良好的电容器两引脚间的电阻值，读数会逐渐增大，稳定后应显示为"1"，即超量程。若测得的电阻值为零或很小，说明此电容器已被短路或漏电严重，不能再被使用。

做一做

选四个不同类型的电容器，分别进行判断：

1）是什么介质的电容器。

2）根据标注识读电容量。

3）根据标注识读电容器的额定工作电压（见 3.1.2 节）。

4）用数字式万用表测量它们的实际电容量，并将这些数据记录在表 3.1 中。

表 3.1　识读、测量电容器

电容器序号	电容介质	标注	识读标称容量	识读耐压	实测电容量
电容器 1					
电容器 2					
电容器 3					
电容器 4					

3.1.2　电容器的主要参数

电容器最主要的指标有三项——标称容量、允许误差和额定工作电压。这三项指标一般标注在电容器的外壳上，可作为正确使用电容器的依据。成品电容器上所标注的电容量称为标称容量，而标称容量往往有误差，但是只要这个误差在国家标准规定的允许范围内即可，这个误差称为允许误差。电容器的额定工作电压习惯上称为耐压。例如，某一电容器标注为 680pF±5%100V，则表明电容器容量为 680pF，允许误差为±5%，耐压为 100V，如图 3.9（a）所示。

电容器常用的标注方法分为直标法、文字符号法和数码法。直标法是将标称容量、允许误差、额定工作电压三项最主要的指标直接标在电容器的外壳上。例如，某一电容器标注"2200μF 50V"字样，则说明该电容量的电容量为 2200μF，额定工作电压为 50V，如图 3.9（b）

所示。文字符号法是将电容量的整数部分写在单位标志符号的前面，电容量的小数部分写在电容量单位标志符号的后面。例如，某一电容器的电容量为 6800pF，则可写成 6n8；又如，电容量为 2.2pF，可写成 2p2，0.01μF 可写成 10n 等。数码法是用三位数表示电容量的大小，其中前两位代表有效数，第三位代表有效数后零的个数，单位为 pF，但第三位为 9 时表示有效数缩小为原来的 1/10。例如，图 3.4 中的 224 表示标称容量为 $22×10^4$pF（220nF）。

（a）　　　　　　　　　　　（b）

图 3.9　电容器的参数标注

*3.2　磁场及电磁感应

用磁体可以把小铁钉、回形针、大头针等紧紧地吸附在其周围 [图 3.10 （a）]，这说明磁体具有磁性。自然界中存在天然磁体和人造磁体两种。天然存在的磁体（俗称吸铁石）称为天然磁体。平时我们接触的磁体一般是人造的，有条形、蹄形、针形等，如图 3.10 （b）～（d）所示。

（a）磁体吸附小铁钉、　　（b）条形磁体　　　（c）蹄形磁体　　　（d）针形磁体
　　回形针、大头针等

图 3.10　磁体

3.2.1　磁场的基本概念

1. 磁铁及其性质

人们把能够吸引铁、镍、钴等金属及其合金的性质称为磁性，具有磁性的物体就称为磁体（磁铁）。

不论磁体的形状如何，磁体两端的磁性总是最强的，我们把磁性最强的区域称为磁极。

若将实验用的小磁针人为地转动，待其静止后会发现它停止在地球的南北方向上，如图 3.11 所示。磁针指北的一端称为北极，用 N 表示；指南的一端称为南极，用 S 表示。

任何磁体都具有两个磁极，也就是说，N 极和 S 极总是成对出现的，如图 3.12 所示。磁极间相互的作用力表现为同极性相排斥、异极性相吸引。

图 3.11　磁针

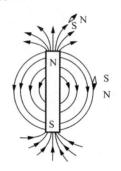

图 3.12　磁体都有磁极

2. 磁场与磁感线

两块不接触的磁体之间存在着相互作用力，这说明磁体周围的空间存在着一种特殊的物质——磁场。磁场具有力和能的特性。

为了形象地表示磁场的存在，并描绘出磁场的强弱和方向，人们通常用一根根假想的线条（磁感线）来表示磁场，如图 3.13 所示。

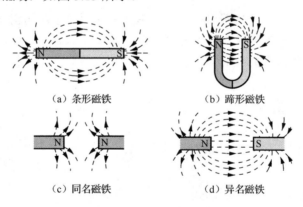

（a）条形磁铁　　　　（b）蹄形磁铁

（c）同名磁铁　　　　（d）异名磁铁

图 3.13　几种磁场的磁感线

磁感线具有以下特点：

1）磁感线是互不交叉的闭合曲线，在磁体外部由 N 极指向 S 极，在磁体内部由 S 极指向 N 极。

2）磁感线上任意一点的切线方向，就是该点的磁场方向（即小磁针 N 极的指向）。

3）磁感线越密，磁场越强；磁感线越疏，磁场越弱。磁感线均匀分布而又相互平行的区域，称为均匀磁场；反之，则称为非均匀磁场。

■ 3.2.2　电流的磁场

实验证明，通电导体周围与永久磁铁一样也存在着磁场。近代科学又进一步证明，产生磁场的根本原因是电流，而且电流越大，它所产生的磁场就越强。

小实验 通电直导体产生磁场

将通电导线拉直，下面放一个可以自由旋转的磁针（图 3.14），当水平导线通入电流时，下面的小磁针就会发生偏转，并保持在一个新的位置。这说明了小磁针的偏转与通电导线有关，这个现象验证了通电直导体产生磁场。

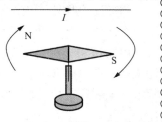

图 3.14　通电直导体产生磁场

1. 载流长直导线产生的磁场

如果用磁感线来描述通电导线周围的磁场，那么通电导线周围的磁感线是以导线为圆心的一组同心圆，如图 3.15（a）所示。这些同心圆离通电导线越近就越密。磁感线的方向与导线中电流的方向，可用安培定则（右手螺旋定则）来判断：用右手握住导线，右手拇指的指向表示电流方向，弯曲四指的指向即为磁感线方向，如图 3.15（b）所示。

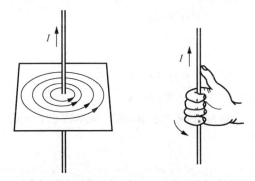

（a）磁感线方向与导线电流方向　　（b）安培定则判断方法

图 3.15　通电导线与磁感线安培定则

2. 通电螺线管周围的磁场

电流流入螺线管后也会产生磁场。图 3.16 所示是通电螺线管线圈中的电流的方向和产生的磁场的方向，它们之间的关系同样可以用安培定则（右手螺旋定则）来判断：用右手握住线圈，右手弯曲的四指表示电流方向，拇指所指的方向即为磁场北极方向。

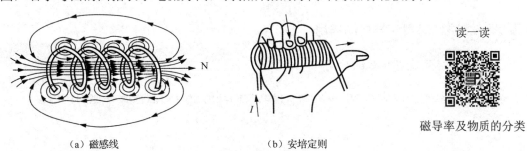

（a）磁感线　　　　　　　　（b）安培定则

图 3.16　通电螺线管管体周围的磁场

读一读

磁导率及物质的分类

3. 电磁铁及其应用

当在通电螺线管内部插入铁芯后，铁芯被通电螺线管的磁场磁化，磁化后的铁芯也变成了一个磁体，这样铁芯的磁场与螺线管的磁场互相叠加，从而使螺线管的磁性大大增强。

电磁铁的作用是通电后产生磁力，便于自动化控制，它的用途很多，在电磁开关、牵引电磁铁、电磁起吊机（图 3.17）、磨床吸盘、电磁阀、电磁制动等中都有应用。

3.2.3 磁场的磁感应强度

通过与磁场方向垂直的某一面积上的磁感线的总数，称为通过该面积 S 的磁通量，简称磁通，用字母 Φ 表示，其单位为韦伯（Wb）。当面积一定时，通过单位面积的磁通越多，磁场就越强。

磁感应强度是定量描述磁场中某点磁场强弱和方向的物理量，用字母 B 表示。若磁场中各点的磁感应强度的大小相等、方向相同，则该磁场称为均匀磁场。

在均匀磁场中，磁感应强度可表示为

$$B = \frac{\Phi}{S}$$

由上式可知，磁感应强度为单位面积的磁通量。

磁感应强度的单位为特斯拉，简称特（T）。

磁感应强度是个矢量。磁场中某点的磁感应强度方向，与放在该点的小磁针 N 极的指向一致。

铁

我的帽子被吸走了!

图 3.17　电磁起吊机

知识窗　铁磁性物质

铁磁性物质会在外加磁场的作用下产生一个与外磁场同方向的附加磁场，这种现象称为磁化。只有铁磁性物质才能被磁化，而非铁磁性物质是不能被磁化的。

铁磁性物质可以分为软磁性物质、硬磁性物质和矩磁性物质三大类。软磁性物质易被磁化，也易退磁；硬磁性物质不易被磁化，也不易退磁；矩磁性物质受较小的外磁场就能磁化达到饱和，去掉外磁场后其磁化性能保持在饱和值。

3.2.4 磁场对载流导体的作用

1. 磁场对载流直导体的作用

我们先做一个小实验，用实验现象帮助我们理解磁场对载流直导体的作用。

小实验 磁场对载流直导体的作用

在蹄形磁体中悬挂一根直导体，使导体与磁感线垂直，接通直流电源，观察实验现象。

通过实验发现，通电导体在磁场中会受力而做直线运动，如图 3.18 所示。我们把这种力称为电磁力，用 F 表示。

反复实验发现，当导体与磁感线垂直放置时，导体所受到的电磁力最大；当导体与磁感线平行时，导体不受力；当导体与磁感线成 α 角时，如图 3.19 所示，导体所受的电磁力和导体与磁感线夹角 α 的正弦值成正比。

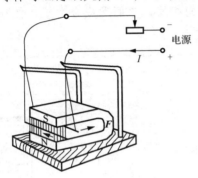

图 3.18　通电导体在磁场中受力

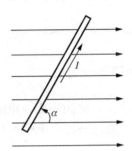

图 3.19　导体与磁感线成 α 角

实验证明，电磁力 F 的大小与通过导体的电流 I 成正比，与载流导体所在位置的磁感应强度 B 成正比，与导体在磁场中的长度 L 成正比，与导体与磁感线夹角正弦的函数值成正比，即

$$F = BIL \sin \alpha$$

式中，F——导体受到的电磁力，单位为 N；

　　　I——导体中的电流，单位为 A；

　　　L——导体的长度，单位为 m；

　　　$\sin\alpha$——导体与磁感线夹角的正弦。

载流直导体在磁场中所受电磁力的方向用左手定则来判定，如图 3.20 所示。

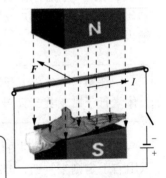

左手定则：将左手伸平，拇指与四指垂直放在一个平面上，让磁感线垂直穿过手心，四指指向电流方向，则拇指所指的方向就是导体所受电磁力的方向。

图 3.20　左手定则

2. 磁场对矩形线圈的作用

通电直导体在磁场中会受电磁力而做直线运动，如果把通电的矩形线圈放在磁场中，会有什么现象发生呢？

小实验 磁场对矩形线圈的作用

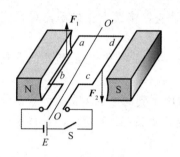

图 3.21　通电线圈在磁场中的受力

在均匀磁场 B 中，放置一个有固定转动轴 OO' 的单匝矩形线圈 $abcd$，如图 3.21 所示。合上开关 S，我们发现线圈会绕 OO' 轴沿顺时针方向转动。

线圈为什么会转动呢？根据刚刚学过的知识可以判定：线圈的 bc 与 ad 两条边与磁感线平行而不会受力，线圈的另外两条边 ab、cd 与磁感线垂直，它们将受到电磁力 F_1 和 F_2 的作用。根据左手定则可以判定 F_1 和 F_2 方向相反，它们形成合力矩，使线圈沿着顺时针方向转动。

3.2.5　电磁感应现象

由前面的学习已经知道，电能生磁。很自然人们就会想，磁能不能生电呢？我们一起来看下面的实验。

1. 在磁场中运动直导体的电磁感应现象

将一段直导体 AB 与检流计 G 相连成一闭合回路，把直导体 AB 置于均匀磁场中，如图 3.22 所示。当导体垂直于磁感线运动（导体切割磁感线）时，检流计指针会偏转，而且导体切割磁感线的速度越快，检流计指针偏转的角度越大。

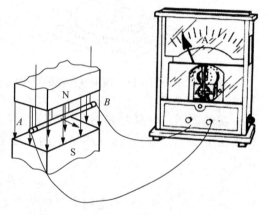

图 3.22　直导体的电磁感应现象实验

注意：导体垂直于磁感线运动时，检流计指针会偏转，说明导体中有电流通过；导体平行于磁感线运动时，检流计指针不偏转，说明导体中无电流通过。

在以上实验中产生的电流称为感应电流，产生的电动势称为感应电动势。二者的方向可以用右手定则来判断，即：伸平右手，大拇指与其余四指垂直，让磁感线垂直穿过手心，大拇指指向导体运动方向，则四指所指方向就是导体中感应电动势或感应电流的方向，如图 3.23 所示。

2. 螺旋线圈的电磁感应现象

将一个空心线圈的两端与检流计接成闭合回路，然后将条形磁铁插入或拔出线圈，如图 3.24 所示。实验发现，在条形磁铁插入线圈的过程中，检流计指针偏向一边；当条形磁铁完全插入线圈静止不动，检流计的指针不偏转；当条形磁铁从线圈中拔出的时候，检流计偏向另外一边。实验还发现，条形磁铁插入或拔出的速度越快，指针偏转的角度越大。

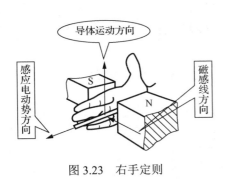

图 3.23　右手定则

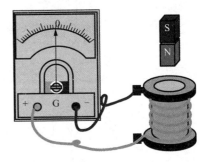

图 3.24　螺旋线圈的电磁感应现象实验

> **注意**：通过线圈的磁通发生变化时，线圈才会产生感应电动势和感应电流。

在上述两个实验中，检流计的指针都发生了偏转，说明在电路中都有感应电动势和感应电流产生，这两个实验有什么共同之处呢？通过分析会发现，当将条形磁铁插入或拔出线圈时，通过线圈的磁通发生变化，线圈两端产生感应电动势；当条形磁铁静止在线圈中不动时，通过线圈的磁通不发生变化，线圈两端不产生感应电动势。如果把直导体的闭合回路理解为一个单匝线圈，当导体在磁场中做切割磁感线运动时，通过由直导体组成的单匝线圈的磁通就会发生变化，导体两端产生感应电动势；当导体平行于磁感线运动时，通过由直导体组成的单匝线圈的磁通就不会发生变化，导体两端不产生感应电动势。这就概括了两个实验的实质。

由此可以得出结论：由于磁通的变化而在导体或线圈中感应出电动势的现象称为电磁感应现象，又称为动磁生电。

3.2.6　楞次定律和电磁感应定律

1. 楞次定律

楞次定律用来判定线圈中感应电动势或感应电流的方向。

楞次定律的内容：当穿过线圈的磁通发生变化时，感应电动势的方向总是企图使它的感应电流所产生的磁通阻止原磁通的变化。楞次定律又被称为磁场惯性定律，感应电流的磁场总是要阻碍原磁场的变化。

如图 3.25（a）所示，磁铁插入线圈时，线圈中的原磁通（方向向下）增加，感应电流产生的磁通企图阻碍原磁通的增加，因此，感应磁通的方向与原磁通的方向相反，是向上的。根据安培定则可以判断出线圈的感应电流的方向是从线圈的上端流出，下端流进的。其感应电动势的方向由线圈的下端指向上端。

在图 3.25（b）中，当磁铁拔出线圈时，线圈中的原磁通（方向向下）减小，感应电流产生的磁通企图阻碍原磁通的减小，因此，感应磁通的方向与原磁通方向相同，也是向下的，根据安培定则可以判断出线圈的感应电流的方向是从线圈的上端流进，下端流出的。其感应电动势的方向由线圈的上端指向下端。

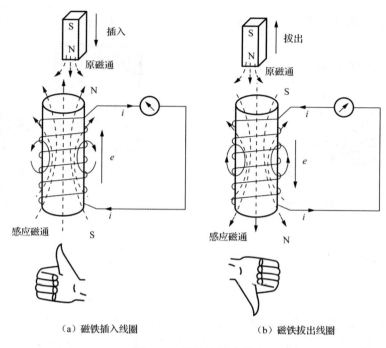

（a）磁铁插入线圈　　　　　　　　　　（b）磁铁拔出线圈

图 3.25　楞次定律实验

结论：原磁通增加时，感应电流产生的磁通与原磁通方向相反；原磁通减少时，感应电流产生的磁通与原磁通方向相同。

2. 电磁感应定律

在电磁感应现象中，所产生的感应电动势可以用法拉第电磁感应定律来计算，即线圈中感应电动势的大小与该线圈中磁通的变化率成正比。

如果 Δt 时间内磁通的变化量为 $\Delta \Phi$，则单匝线圈中产生的感应电动势平均值为

$$|e| = \frac{\Delta \Phi}{\Delta t}$$

如果是 N 匝线圈，则产生的感应电动势的平均值为

$$|e| = N \frac{\Delta \Phi}{\Delta t}$$

法拉第电磁感应定律用来计算感应电动势的大小；楞次定律用来判断感应电动势的方向。

3.2.7　涡流

1. 涡流的产生

在生活与生产中，变压器、电动机、电磁铁的铁芯即使在工作电流很小的时候也会发热，这是为什么呢？

实验发现，套在铁芯上的线圈通过变化的电流时，在铁芯中产生了磁通，由电磁感应定律可知，这些变化的磁通在铁芯内部产生了感应电动势和感应电流，这些感应电流形状如同水中的旋涡，我们把它称为涡流，如图 3.26 所示。

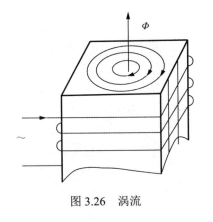

读一读

涡流的利用

图 3.26 涡流

2. 涡流的预防与利用

涡流流过金属导体时会发热而消耗电能，使电气设备的温度升高，对含有铁芯的电气设备是有害的。为了减小涡流损耗，工程上用电阻率大、表面涂有绝缘漆的薄硅钢片叠装电动机、变压器等设备的铁芯，这样可以有效降低涡流损耗，如图 3.27（a）所示。涡流也可以被利用，在冶金工业中，利用涡流的热效应产生高温制成高频感应炉来冶炼金属，如图 3.27（b）所示。

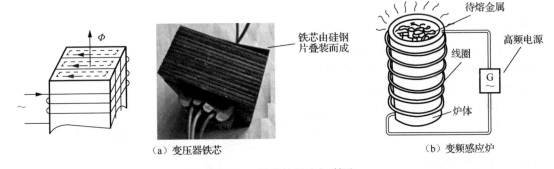

（a）变压器铁芯　　　　　　　　（b）变频感应炉

图 3.27 涡流的预防与利用

3.3

电 感 器

看一看 **电路中的电感器**

电感器广泛应用于各种电子电路中。在图 3.28 中可以看到电感器在电子电路中的广泛使用，它们是用绝缘导线绕制的各种线圈。

图 3.28　对讲机局部电路中的电感器

3.3.1　认识电感器

电感器简称为电感，是由绝缘导线绕制而成的线圈。为了得到不同大小的电感量，电感器有的是空心线圈，有的是带有铁芯或磁芯的线圈，有的是环形线圈，而且体积、功率也有大有小。大的有功率电感器，小的有电子电路中的贴片电感器，品种繁多，如图 3.29 所示。

电感器可按以下方法进行分类。

按电感形式分类：固定电感器、可变电感器。

按导磁体性质分类：空心线圈、铁氧体线圈、铁芯线圈、铜芯线圈。

按工作性质分类：天线线圈、振荡线圈、扼流线圈、陷波线圈、偏转线圈。

按绕线结构分类：单层线圈、多层线圈、蜂房式线圈。

按工作频率分类：高频线圈、低频线圈。

按结构特点分类：磁芯线圈、可变电感线圈、色码电感线圈、无磁芯线圈等。

1. 电感元件的图形符号

电感元件的文字符号统一用 L 表示，其图形符号如图 3.30 所示。

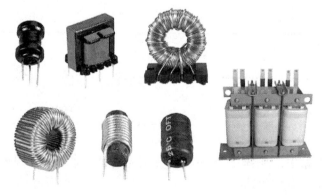

图 3.29　各类电感器

L

图 3.30　电感元件的图形符号

2. 电感元件的性质

（1）储能

电感元件具有存储能量的功能，它以磁的形式存储电能。

（2）产生自感电动势

由绝缘导线绕制成的线圈，若将其电阻忽略不计，则这个线圈称为纯电感线圈。当线圈外加交变电压 u，流进线圈的电流为 i_L 时，如图 3.31（a）所示，线圈周围就建立了交变磁场，即有磁力线穿过线圈，经过空间形成封闭的曲线，如图 3.31（b）所示。

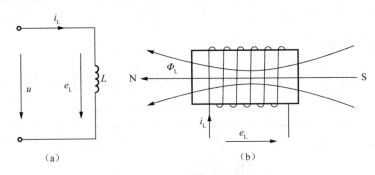

图 3.31　电感线圈组成的电路

当电感元件中的电流变化时，磁通量也发生变化。根据电磁感应定律，线圈产生感应电动势。由电流大小变化而产生的感应电动势称为自感电动势。

由此说明，当电感元件两端加入交变电压，电感线圈内就有交变电流，线圈的磁通量随交变电流的变化而变化，由此在线圈自身产生感应电动势。

3.3.2 电感量及电感元件质量的简易测试

1. 自感系数（电感）

读一读

前面讲的线圈本身电流发生变化而引起的电磁感应称为自感现象，简称自感，线圈中通过每单位电流 i 时产生自感磁通量 Φ，L 称为自感系数，简称电感，用 L 表示，即

$$L = \frac{\Phi}{i}$$

电感是衡量线圈产生自感磁通本领大小的物理量。

自感现象的应用、弊端及检测电感器的质量

如果一个线圈中通过 1A 电流，能产生 1Wb 的自感磁通，则该线圈的电感就为 1 亨利，简称亨（H）。电感器的主要参数是电感量。

在实际工作中，特别是在电子技术中，用 H 作为单位有时太大，所以常采用较小的单位。电感量的单位有亨、毫亨（mH）、微亨（μH），它们的换算关系是

$$1H = 10^3 \, mH$$

$$1mH = 10^3 \, \mu H$$

电感量是线圈本身固有的特性，与电流大小无关。除专门的电感线圈（色码电感）外，电感量一般不专门标注在线圈上，而以特定的名称标注。

图3.32 便携式专用电感测试仪

2. 电感元件质量的简易测试

检测电感元件的质量需用专用的电感测量仪。图3.32所示是便携式专用电感测试仪，可测量电感量、品质因数、分布电容等。

在一般情况下，电感元件质量的好坏可用万用表的电阻挡进行粗略、快速的检测。检测时，将万用表置于 $R \times 1$ 挡或 $R \times 10$ 挡，用两表笔接触电感元件的两端，测得的电阻较小，表明电感元件正常；测得的电阻为无穷大，表明电感元件断路。

3.3.3 电感器的应用

电感器品种繁多，应用广泛，表3.2所示为常用电感器的名称、外形与用途。

表3.2 常用的电感器的名称、外形与用途

名称	外形	用途
空心电感器		用于振荡，高频的扼流、扼波，高频发射、无线接收等场合
铜芯电感器		用于短波接收天线、可调线性电感量等电路中
立式电感器		用于电子设备、通信设备、计算机的电源升压电路等
色码电感器		用于频率为 10kHz～20MHz 的各种电子电路中
环形电感器		用于低频的扼流、扼波，与电容器组合常用于直流的 LC 滤波器
贴片电感器		用于表面安装技术（surface mounting technology，SMT），自动化安装印制电路板

续表

名称	外形	用途
共模电感器		用于抗干扰电路（过滤共模干扰信号）、计算机的电源及无线电接收电路

找一找

图 3.33 所示是一块实训室电工实训台电路板（局部），你能找出其中的电感器吗？

图 3.33 电工实训台电路板（局部）

思考与练习

一、填空题

试写出以下电容器标志所表示的标称容量。

1n＿＿＿＿＿＿＿＿＿＿＿＿＿　　334＿＿＿＿＿＿＿＿＿＿＿＿＿

3p3＿＿＿＿＿＿＿＿＿＿＿＿＿　　103＿＿＿＿＿＿＿＿＿＿＿＿＿

二、简答题

1. 简述电容器的分类。
2. 如何用数字式万用表判定电解电容器的质量好坏？
3. 磁感线具有哪些特征？
4. 试比较通电长直导线与螺线管两种磁场的异同点。
5. 载流导体在磁场中受力的大小与哪些因素有关？

单元 4

单相正弦交流电路

单元学习目标

知识目标 ☞

1. 掌握正弦交流电的有效值、最大值、平均值的概念及其关系；掌握频率、角频率和周期的概念及其关系；了解初相位和相位差的概念；了解正弦量的矢量表示法，能进行正弦量解析式、波形图、矢量图的相互转换。

2. 理解电阻元件的电压与电流的关系，了解其有功功率；理解电感元件的电压与电流的关系，了解其感抗、有功功率和无功功率；理解电容元件的电压与电流的关系，了解其容抗、有功功率和无功功率。

3. 理解 RL 串联电路的阻抗概念，了解电压三角形、阻抗三角形的应用。

4. 理解电路有功功率、无功功率和视在功率的概念；理解功率三角形和电路的功率因数，了解功率因数的意义；了解提高功率因数的方法，了解提高电路功率因数在实际生产生活中的意义。

能力目标 ☞

1. 熟悉实训室工频电源，了解电工常用仪器、仪表的使用；会正确使用试电笔。

2. 完成教材"第五部分"的"实训项目 2"，了解照明电路配电板的组成，并能安装照明电路配电板，会完成单相电能表接线。

实践活动　了解电工常用仪器、仪表，认识单相正弦交流电

活动一：熟悉电工实训室的工频电源供配电系统

我们观察和了解单相正弦交流电的活动，主要是在电工实训室里进行。电源是实训室的必要配置，电源进线及电源配电箱（图 4.1）是电工实训室电源配置的关键控制设备。进入实训室实训或离开实训室前，都需要接通或断开电源，因此了解电源输入线及正确操作电源配电箱的电源总开关、电源分组开关，接通或断开电源，是非常重要的。电工实训室供电系统原理图如图 4.2 所示。

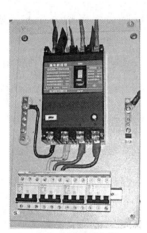

（a）实训楼配电箱

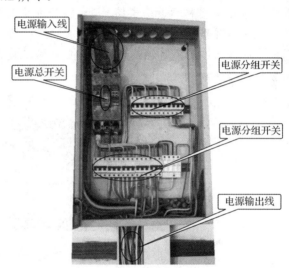

（b）实训室电能分配系统

图 4.1　实训楼配电箱与实训室电能分配系统

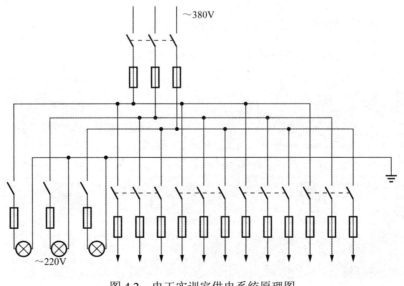

图 4.2　电工实训室供电系统原理图

我国使用的交流电源是工频电源。工频电源是指频率为 50Hz 的交流电源。在参观的基础上记下本校电工实训室中电源的如下数据，并记入表 4.1 中。

表 4.1　实训室电源有关数据记录

内容	电源相数	总熔断器规格/A	主电源导线截面面积/mm²	开关额定电流/A
数据				

活动二：初识交流电，观察和认识电工常用仪器仪表

连接信号发生器和示波器电路，通过信号发生器向示波器输入直流电压信号和交流电压信号。我们观察示波器显示的波形（图 4.3），会发现直流电压信号的大小与方向是不随时间变化的，波形呈直线；而交流电压信号的波形是按照交流电的大小和方向随时间按正弦规律变化的。

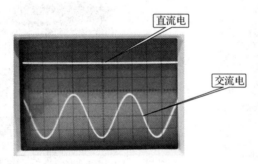

图 4.3　示波器上的直流、交流电压波形

交流电仍然是看不见摸不着的，因此要借助一些特殊的仪器、仪表来帮助我们观测和认识它。

1. 电工综合实训操作台及部分配套仪器

图 4.4 所示是电工综合实训操作台及部分配套仪器。

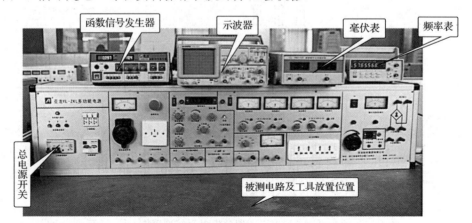

图 4.4　电工综合实训操作台及部分配套仪器

2. 观察和认识电工常用仪器、仪表

（1）交流电压表

交流电压表的外形如图 4.5 所示，它的用途是测量交流电路或设备的交流电压。它的使用方法比直流电压表更为简单，接线要求与被测线路或设备并联，但不分极性；量程选择必须高于被测对象的电压峰值。

（2）交流电流表

交流电流表的外形如图 4.6 所示，它的用途是测量线路和设备的交流电流。接线时，它也不分极性，但必须串联接入交流电路中，其量程也必须大于被测线路和设备的电流峰值。

（3）钳形电流表

钳形电流表的外形如图 4.7 所示，它的用途与交流电流表相同。测量时不用断开线路，直接将被测导线钳入仪表钳口中间位置即可读数。在量程选择上仍然要注意必须大于被测线路的电流峰值。

图 4.5　交流电压表　　　　图 4.6　交流电流表　　　　图 4.7　钳形电流表

（4）万用表

我们在单元 2 中已经学习了万用表并用它检测过电压、电流和电阻，在这里只是进一步熟悉交流电的各种相关参数的检测方法和相关注意事项，其使用方法与单元 2 中所述相同。

（5）单相调压器

单相调压器又称为单相调压变压器或自耦变压器，它的用途是为电路或实验提供 0～250V 连续可调的交流电压。其外形如图 4.8（a）、（b）所示，接线如图 4.8（c）、（d）所示。它的一次侧 $1U_1$ 与 $1U_2$ 接 220V 交流电源；它的二次侧 $2U_1$ 和 $2U_2$ 接用电设备。要特别注意的是，由于它的一次侧、二次侧是直接与电连接，所以无论输出电压有多低，一次侧、二次侧的导电部分和输入、输出线的裸露部分都严禁接触，否则会引起触电。

　　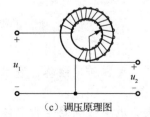　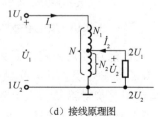

（a）实体图　　　（b）外形图　　　（c）调压原理图　　　（d）接线原理图

图 4.8　单相调压器

（6）函数信号发生器

函数信号发生器能产生一定频率范围的正弦波、方波、三角波、脉冲波、锯齿波，具有直流电平调节、占空比调节功能，其频率、幅值可用数字直接显示。图4.9所示为YL-238A型函数信号发生器的面板。

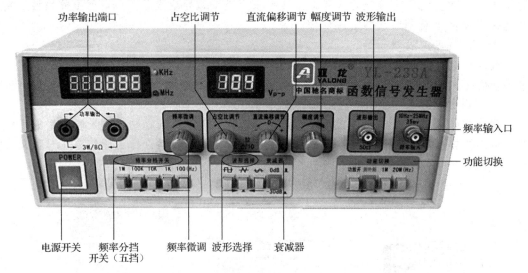

图4.9 YL-238A型函数信号发生器的面板

活动三：了解试电笔的构造与使用方法

试电笔是用于检验电气线路和设备是否带有电压（一般60V以上）的工具。常用的试电笔有钢笔式［图4.10（a）］、螺钉旋具式［图4.10（b）］、数字式和感应式［图4.10（c）］等几种。

钢笔式试电笔的构造如图4.11所示。

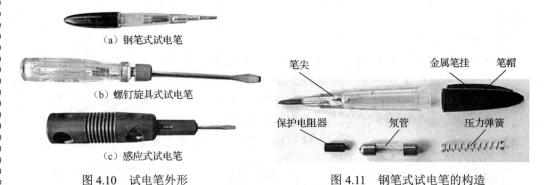

图4.10 试电笔外形　　　　图4.11 钢笔式试电笔的构造

试电笔在使用中应注意如下事项：

1）检查外观，凡外观缺损、无保护电阻器、进水、受潮的试电笔绝对不能使用，勉强使用将会导致操作人员触电。

2）验电时，使氖管正常发光的电流通路是带电体→试电笔→人体→大地→带电体所形成的回路，所以手必须接触试电笔上端的金属笔挂（钢笔式）或金属帽（螺钉旋具式、感应式)，如图 4.12 和图 4.13 所示。数字式试电笔［图 4.14 (a)］可直接使用，无须接触其金属部分。感应式试电笔构成如图 4.14 (b) 所示。

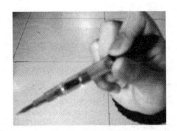

图 4.12　钢笔式试电笔的握法

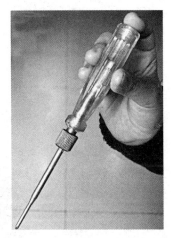

图 4.13　螺钉旋具式试电笔的握法

关键与要点

使用试电笔前，应先在有电的物体上检验它是否能正常验电，如果是氖管或其他部件损坏、接触不良，不能正常验电，将会造成人们认为已带电的物体无电的误判。那是非常危险的！

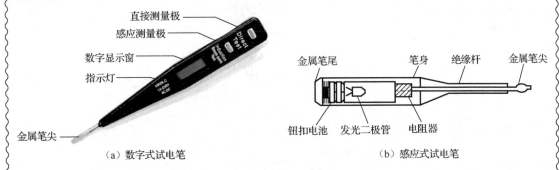

（a）数字式试电笔　　　　　　　　　　　　（b）感应式试电笔

图 4.14　数字式试电笔与感应式试电笔

分别用钢笔式、螺钉旋具式、数字式和感应式试电笔检测已通电的操作台或墙壁上的三孔电源插座，检测哪些插孔有电，并用"有电""无电"字样记入表 4.2 中。

表 4.2　试电笔的使用记录

品种	上孔	左孔	右孔
钢笔式试电笔			
螺钉旋具式试电笔			
数字式试电笔			
感应式试电笔			

4.1 初步了解正弦交流电

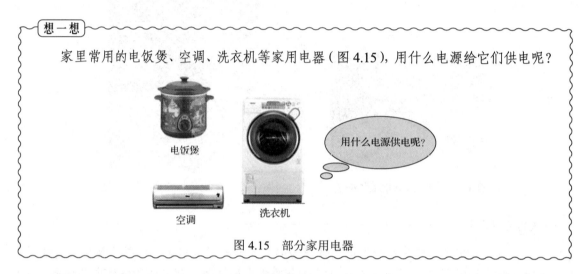

家里常用的电饭煲、空调、洗衣机等家用电器（图 4.15），用什么电源给它们供电呢？

用什么电源供电呢？

电饭煲

空调　　　　洗衣机

图 4.15　部分家用电器

大小和方向都随时间按正弦规律变化的电流和电压称为正弦交流电。水力发电站、风力发电站、火力发电站、核能发电站所产生的电流都是正弦交流电。直流电流和交流电流的两种波形如图 4.16 所示。

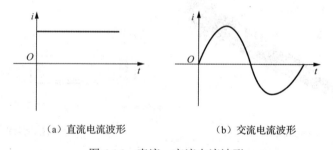

（a）直流电流波形　　　　　　　　（b）交流电流波形

图 4.16　直流、交流电流波形

■ 4.1.1　正弦交流电的产生

正弦交流电是由交流发电机产生的。图 4.17（a）是最简单的交流发电机示意图。发电机由定子和转子组成。定子有 N、S 两极。转子是一个可以转动的由硅钢片叠成的圆柱体，铁芯上绕有线圈，线圈两端分别接到两个相互绝缘的铜制集电环上，通过电刷与外电路接通。

当用原动机（如水轮机或汽轮机）拖动电枢转动时，由于导体切割磁感线而在线圈中产生感应电动势。线圈中的感应电动势是按正弦规律变化的交流电，如图 4.17（b）所示是感应电动势的波形。因为发电机经电刷与外电路的负载接通，形成闭合回路，所以电路中就产生了正弦电流和正弦电压。

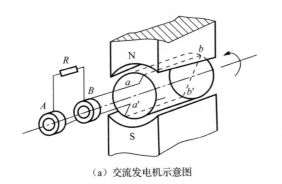

（a）交流发电机示意图

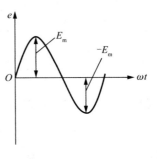

（b）感应电动势的波形

图 4.17　交流发电机示意图及感应电动势的波形

■ 4.1.2　正弦交流电的相关物理量及三要素

1. 瞬时值、最大值和有效值

（1）瞬时值

正弦交流电随时间不断变化，但每一个时刻都有一个确定值，这个值称为瞬时值，瞬时值一般用小写字母表示，如电流用 i，电压用 u。瞬时值可用函数表达式表示为

$$\left.\begin{array}{l} i = I_\mathrm{m} \sin(\omega t) \\ \mu = U_\mathrm{m} \sin(\omega t) \end{array}\right\} \qquad (4.1)$$

图 4.18 中 t_1 时刻所对应的电流 i_1 就是该时刻的瞬时电流值。

（2）最大值

最大值又称为振幅或峰值，是正弦交流电最大的瞬时值，用大写字母带下标"m"表示。I_m、U_m、E_m 分别表示电流、电压、电动势的最大值。在图 4.18 中，I_m 和 $-I_\mathrm{m}$ 分别是交流电流的正最大值和负最大值。

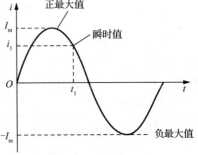

图 4.18　交流电流的瞬时值与最大值

> **注意**：在波形图中，电流用 $i-t$ 坐标系，电动势用 $e-t$ 坐标系，电压用 $u-t$ 坐标系。其中，i、e、u 表示正弦电流、电动势、电压的瞬时值；I_m、E_m、U_m 是它们对应的最大值，又称为振幅（与秋千的最大摆幅相似）。

（3）有效值

正弦交流电的有效值是根据其热效应的效果来规定的，即让交流电与直流电分别通过相同阻值的电阻器，在相同时间内两者所产生的热量相同，则这个直流电的数值就规定为交流电的有效值，其中电流、电压和电动势的有效值分别用大写字母 I、U、E 表示。

有效值与最大值的关系是：有效值是最大值的 $\dfrac{\sqrt{2}}{2}$（约为 0.707）倍，即

$$
\left.
\begin{array}{l}
I = \dfrac{\sqrt{2}}{2} I_\mathrm{m} = 0.707 I_\mathrm{m} \\[2mm]
U = \dfrac{\sqrt{2}}{2} U_\mathrm{m} = 0.707 U_\mathrm{m}
\end{array}
\right\}
\tag{4.2}
$$

在波形图上，有效值与最大值的关系如图 4.19 所示。

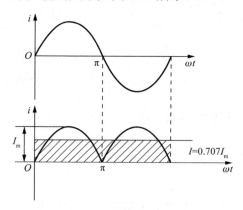

图 4.19　交流电的有效值

2. 正弦交流电的周期、频率、角频率及其相互关系

描述正弦交流电的物理量（又称为参数）除上述的瞬时值、最大值、有效值外，还有周期、频率、角频率及相位、初相位、相位差等。这里将要讨论周期、频率与角频率的概念、符号、单位及它们之间的相互关系。

（1）周期

正弦交流电随时间变化一周所用的时间称为周期。

图 4.20 中的交流电 $0 \to \dfrac{T}{4} \to \dfrac{T}{2} \to \dfrac{3T}{4} \to T$ 即完成一个周期，它是表征交流电变化快慢的参数，周期越长，交流电变化越慢。

周期的符号用字母 T 表示，单位为 s（秒）。

（2）频率

正弦交流电在 1s 内完成循环变化的周期数称为频率。频率也是表征交流电变化快慢的参数，频率越低，变化越慢。频率用字母 f 表示，单位为 Hz（赫兹）。在技术上，赫兹的单位较小，常用的有 kHz（千赫兹）、MHz（兆赫兹），它们的关系是

$$1\mathrm{kHz} = 1000\mathrm{Hz} = 10^3\,\mathrm{Hz}$$

$$1\mathrm{MHz} = 10^6\,\mathrm{Hz}$$

表示交流电流的波形如图 4.21 所示。在该图中，交流电流在 1s 内变化了 3 个周期，所以频率为 3Hz。

从周期和频率的定义可以看出，它们之间互为倒数关系，即

$$
f = \frac{1}{T} \quad \text{或} \quad T = \frac{1}{f}
\tag{4.3}
$$

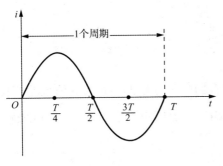

图 4.20　周期

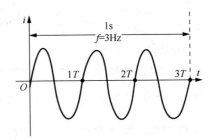

图 4.21　从电流波形看频率

（3）角频率

用电磁关系计算的交流电变化的角度称为电角度，它实质上是发电机线圈在磁场中旋转的角度。正弦交流电在 1s 内经过的电角度称为该交流电的角频率，它就是单位时间电角度的变化量，用字母 ω 表示，单位是 rad/s（弧度每秒）。根据角频率的定义，可得

$$\omega = 2\pi f = \frac{2\pi}{T} \tag{4.4}$$

在我国的供电制式中，正弦交流电的频率为 50Hz，周期是 0.02s，角频率为 (100π)rad/s 或 314rad/s。

3. 相位、初相位与相位差

（1）相位

交流电 $u = U_m \sin(\omega t + \varphi_0)$，其中电角度 $(\omega t + \varphi_0)$ 称为正弦量的相位。在图 4.22 中，$\varphi_0 = \dfrac{\pi}{3}$，在 t_1 时刻，i_1 和 i_2 都有它自己对应的相位。

交流电相位用符号 $(\omega t + \varphi_0)$ 表示，单位是"°"（度）或 rad（弧度）。

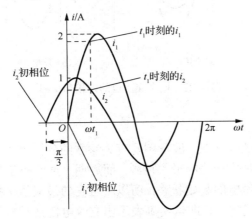

图 4.22　交流电的初相位和相位

图 4.22 中电流 i_1 和 i_2 的表达式分别为

$$i_1 = I_{1m} \sin(\omega t)$$
$$i_2 = I_{2m} \sin(\omega t + \varphi_0)$$

式中，i_1 的相位是 ωt，i_2 的相位是

$$\omega t + \varphi_0 = \omega t + \frac{\pi}{3}$$

（2）初相位

正弦交流电在起始时刻（即 $t=0$ 的时刻）所对应的电角度称为该正弦交流电的初相位。如上式中 i_1 的初相位是 0，i_2 的初相位是 $\varphi_0 = \frac{\pi}{3}$。初相位一般用不大于 $180°$ 的角度表示，它的取值既可为正，也可为负。

（3）相位差

两个同频率正弦交流电在某一时刻的相位之差称为这两个正弦交流电的相位差，用 $\Delta\varphi$ 表示。在计算上有

$$\Delta\varphi = (\omega t - \varphi_1) - (\omega t - \varphi_2) = \varphi_2 - \varphi_1 \tag{4.5}$$

从式（4.5）可以看出，两个同频率交流电的相位差实际上就是这两个交流电的初相位之差。一个交流电比另一个交流电先到达最大值或零值，先到达的称为超前，后到达的称为滞后。在图 4.22 中，i_2 超前于 i_1，或者说 i_1 滞后于 i_2。如果两个交流电初相位相等，且同时达到最大值和零值，则称这两个交流电同相位，简称同相，如图 4.23（a）所示。如果一个交流电到达正最大值时，另一个交流电同一时间到达负最大值，则它们的相位差为 $180°$，称这两个交流电相位相反，简称反相，如图 4.23（b）所示。

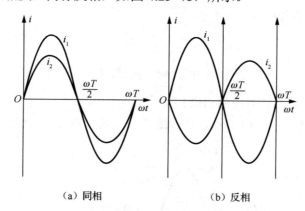

（a）同相　　　　　　　　　　（b）反相

图 4.23　两个交流电的同相和反相

4. 交流电的三要素

从上面对正弦交流电的表达式、波形图及有关参数的分析可以看出，如果已知交流电的最大值，就知道了这个正弦量变化的最大范围，而周期、频率和角频率反映了交流电变化的快慢，初相位又能反映交流电的起始状态，所以一旦它的最大值、频率（角频率或周期中任一项）及初相位三个条件确定了，即可明确表示出交流电在某时刻的完整状态，从中确定它的大小、方向、变化快慢与趋势等。所以，最大值、初相位、频率（或角频率、周期）称为正弦交流电的三要素。

【例 4.1】已知正弦交流电压 $u_1 = 220\sqrt{2}\sin(100\pi t + 60°)\text{V}$，$u_2 = 100\sqrt{2}\sin(100\pi t - 30°)\text{V}$，试计算：

1）两个电压的最大值和有效值；

2）周期、频率；

3）相位、初相位与相位差；

4）画出这两个交流电压的波形图。

解：根据已知条件，有

1）u_1 的最大值为 $220\sqrt{2}\text{V} \approx 311\text{V}$，有效值为 220V。

u_2 的最大值为 $100\sqrt{2}\text{V} \approx 141\text{V}$，有效值为 100V。

2）频率

$$f = \frac{\omega}{2\pi} = \frac{100\pi}{2\pi} = 50(\text{Hz})$$

周期

$$T = \frac{1}{f} = \frac{1}{50} = 0.02(\text{s})$$

3）相位

$$\alpha_1 = 100\pi t + 60°$$
$$\alpha_2 = 100\pi t - 30°$$

初相位

$$\varphi_1 = 60°,\ \varphi_2 = -30°$$

相位差

$$\varphi_2 - \varphi_1 = -30° - 60° = -90°$$

即 u_2 滞后 u_1 $90°$ 或 u_1 超前 u_2 $90°$。

4）两个电压的波形图如图 4.24 所示。

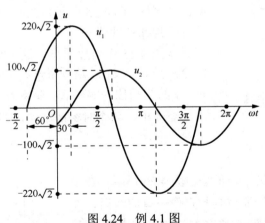

图 4.24　例 4.1 图

■ 4.1.3　正弦交流电的表示方法

常用的正弦交流电的表示方法有三种：解析法、图像法和旋转矢量表示法。每一种表示方法都能反映出正弦交流电的三要素，即最大值、频率（或角频率，或周期）与初相位。解析法和图像法在 4.1.2 节中通过案例已经介绍过，在这里只简单进行概述，而重点讲述探究旋转矢量表示法。

1. 解析法

利用正弦函数式表示正弦交流电变化规律的方法称为解析法，也称为公式法。已知正弦函数表示的交流电流为

$$i = I_m \sin(\omega t + \varphi_0)$$

按此规律，可将正弦电流、正弦电动势、正弦电压的解析式归纳为

$$i = I_m \sin(\omega t + \varphi_0)$$
$$e = E_m \sin(\omega t + \varphi_0) \qquad (4.6)$$
$$u = U_m \sin(\omega t + \varphi_0)$$

在上面的表达式中，正弦交流电的三要素俱全，其中 I_m、E_m、U_m 分别是正弦电流、电动势和电压的最大值，ω 是它们的角频率，φ_0 为初相位，可用上述解析式计算它们在任何时刻的瞬时值及其他相关参数。

2. 图像法

在 4.1.2 节中我们对图像法已举例说明，在这里主要说明图像法是怎样表示正弦交流电的三要素的。

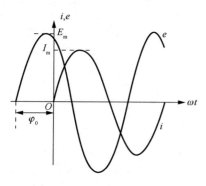

图像法是在平面直角坐标系中，以时间 t 或电角度 ωt 为横坐标，将与之对应的交流电流 i、交变电动势 e 和交流电压 u 三个量的瞬时值作为纵坐标，按照这几个正弦量随时间变化的规律，画出正弦曲线，也就是用正弦交流电随时间变化的波形来表示交流电，这就是交流电的图像法，又称为波形图。图 4.25 所示是在一个坐标系中同时表示 i 和 e 的变化规律的曲线。

从图 4.25 中可以看出，这个交流电流、电动势的最大值分别是 I_m、E_m，角频率是 ω（周期为 T），e 的初相位是 φ_0，i 的初相位为零，三个要素齐全，所以可从该曲线上看出该交流电在各个时刻的状态，即变化规律。

图 4.25　正弦交流电图像法

3. 旋转矢量表示法

正弦交流电的旋转矢量表示法如图 4.26 所示，在平面直角坐标系内，以坐标原点为起点作一有向线段，即为旋转矢量。该旋转矢量的长度表示正弦量的最大值（I_m、E_m、U_m），它的角速度表示正弦量的角频率 ω，任何时刻该线段与横轴的夹角 $(\omega t + \varphi_0)$ 即为该交流电的相位角，该有向线段任何时刻在纵轴上的投影即为该正弦量的瞬时值，如在 $t = 0$ 的初始时刻，$i = I_m \sin \varphi_0$；在 $t = t_1$ 时刻，$i = I_m \sin(\omega t_1 + \varphi_0)$。

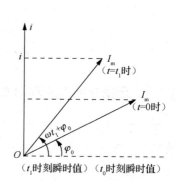

图 4.26　正弦交流电的旋转矢量表示法

正弦交流电解析式 $i = I_m \sin(\omega t + \varphi_0)$ 与旋转矢量图和波形图的对应关系如图 4.27 所示，根据解析式可以作出波形图或旋转矢量图。在该图中，旋转矢量从 OA（初相位为 φ_0）出发，在逆时针方向经过 B、C、D 再回到 A 旋转一周，与波形图上的 a、b、c、d 各点一一对应。它的初始位置与横坐标的夹角 φ_0 也与波形图上的 φ_0 互相对应。并且规定，旋转矢量逆时针方向旋转角度为正值，顺时针方向旋转角度为负值。

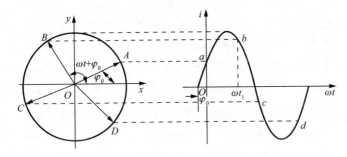

图 4.27　正弦量的旋转矢量与波形图的对应关系

特别提示：用旋转矢量表示法分析计算正弦交流电的条件是：同频率的交流电才能使用。

【**例 4.2**】已知正弦交流电流 $i_1 = 220\sqrt{2}\sin(100\pi t + 60°)\text{A}$，$i_2 = 100\sqrt{2}\sin(100\pi t - 30°)\text{A}$，试画出：

1）i_1、i_2 的波形图。

2）i_1、i_2 的矢量图。

解：1）已知 i_1、i_2 的解析式，可以画出它们的波形图，如图 4.28 所示。

2）根据解析式作出 i_1、i_2 的矢量图，如图 4.29 所示。

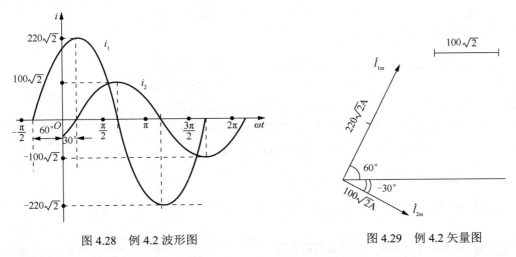

图 4.28　例 4.2 波形图　　　　　图 4.29　例 4.2 矢量图

从例 4.2 可以看出，正弦交流电的解析式、波形图和矢量图不仅均能表示正弦量的三要素，而且三者之间可以互相转换。

知识窗 关于矢量及其加减运算

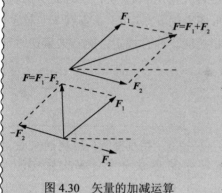

图 4.30 矢量的加减运算

所谓"矢"，源于古时候作战时用的弓箭箭头。箭的射出是有明确方向的，所以在科学上就把既有大小又有方向的量称为"矢量"，如物理学中的速度、力等。矢量的加减运算遵循平行四边形法则。在图 4.30 中，已知两个矢量，如力为 F_1 和 F_2，则它们的合力就等于以 F_1 和 F_2 为邻边所作平行四边形的对角线。如果要求 F_1 和 F_2 的差，则在 F_2 的反向作与 F_2 等长的矢量 $-F_2$，再求 F_1 与 $-F_2$ 之和，即为 F_1 与 F_2 之差。可见，用矢量进行加减法运算是很简单的。

4.2

纯电阻、纯电感、纯电容电路

电阻器、电感器、电容器是交流电路中重要的负载元件。下面来研究它们在交流电路中的作用。

4.2.1 纯电阻电路

交流电路中如果只有电阻器在通电状态下，元件只有发热而没有对外做功，这种电路就称为纯电阻电路。例如，电灯、电烙铁、电熨斗等，它们只是发热，由它们组成的电路都是纯电阻电路，其电路图如图 4.31 所示。发动机、电风扇等，除发热外，还对外做功，所以由这些元件组成的电路是非纯电阻电路。

图 4.31 纯电阻电路

1. 纯电阻电路中电流、电压间的关系

为了了解纯电阻电路中交流电流与电压的关系，我们先做一个小实验。

小实验 纯电阻电路中电流、电压间的关系

我们用图 4.32 所示的实验电路来研究纯电阻电路中交流电流与电压之间的关系。在该实验电路中交流电流表与电阻器串联，交流电压表与电阻器并联。由信号发生器向电路提供超低频交流电压和交流电流。

开启信号发生器电源开关，使它向电路提供 1Hz 左右的低频交流信号。当调高信号发生器输出电压时，我们可以看出：电压表读数升高，电流表读数亦同步且成比例地升高。调低信号频率，重做上面的实验，其结论相同，即在纯电阻电路中，电流与电压成正比，并且变化同步。

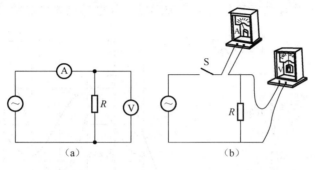

图 4.32　纯电阻电路电压与电流关系实验电路

从上面的实验可以看出，该电路中，电流、电压相位相同，即它们的瞬时值、有效值、最大值均满足欧姆定律，即

$$R = \frac{U}{I} = \frac{\sqrt{2}U}{\sqrt{2}I} = \frac{U_{\mathrm{m}}}{I_{\mathrm{m}}}$$

2. 纯电阻电路的功率

交流电流通过电阻器时要产生热量，消耗一定的功率。电阻器上某一时刻消耗的功率称为瞬时功率，它等于电流、电压的瞬时值的乘积。纯电阻电路一个周期的平均功率称为有功功率，在数值上等于电压有效值与电流有效值的乘积，即

$$P = UI = \frac{U^2}{R} = I^2 R \tag{4.7}$$

▌4.2.2　纯电感电路

在一个交流电路中，当电感元件的电感量很大，而电路中的电阻与电容可以忽略时，可将此交流电路视为纯电感电路，如图 4.33 所示。

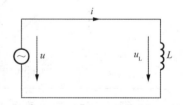

图 4.33　纯电感电器

1. 纯电感电路电压与电流的相位关系

我们通过仿真实验来了解纯电感电路电压与电流的相位关系。

┌─ **仿真实验** 纯电感电路电压与电流的相位关系 ─

用 EWB 仿真软件搭接如图 4.34 所示的仿真实验电路。用交流电源向电路提供 50Hz、10V 的交流电压信号，在交流电路中串入一个阻值很小的电阻器，采样电路中的电流。用示波器 A 通道检测交流电路总电压的波形，用 B 通道检测电阻器两端电压的波形。示波器检测的电压与电流相位关系波形图如图 4.35 所示。

实验现象：示波器显示，电流、电压一个周期为 4 格，它们之间的相位差一格，由

相位差的计算公式得出相位差 $\varphi = 90°$。

实验结论：纯电感电路电压的波形超前于电流 90°。电阻器端电压与流过的电流同相位，因此，1Ω 的采样电阻器的端电压波形就是纯电感电路电流的波形。

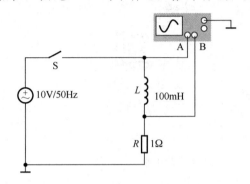 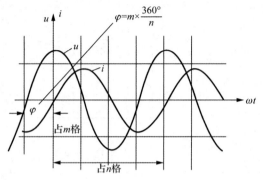

图 4.34　纯电感电路电压与电流相位关系　　图 4.35　纯电感电路电压与电流相位关系波形图
　　　　　　仿真实验电路图

特别提示：采样电阻器的阻值 R 必须足够小，否则会影响电路的纯电感特性。

纯电感电路电压与电流相位关系的波形图与矢量图如图 4.36 所示。

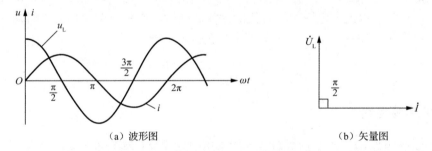

（a）波形图　　　　　　　　　　　　（b）矢量图

图 4.36　纯电感电路电压与电流相位关系的波形图与矢量图

提示：纯电感电路电压与电流相位关系的波形图显示，当电压为最大值时，电流为零；当电流为最大值时，电压为零。可见，纯电感电路电压与电流的瞬时值不满足欧姆定律。

2. 电感器的感抗、纯电感电路电流与电压间的数量关系

下面我们通过仿真实验来了解纯电感电路电流与电压间的数量关系。

仿真实验 纯电感电路电流与电压间的数量关系

　　用 EWB 仿真软件搭接如图 4.37 所示的纯电感仿真实验电路。用交流电流表检测电路中的电流。

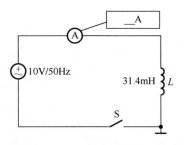

电感 L 取值 31.4mH, 让实验数据接近整数

图 4.37　纯电感仿真实验电路

　　1）合上开关 S, 电流表的读数如图 4.38（a）所示。把电源频率改为 5000Hz, 电流表读数如图 4.38（b）所示。

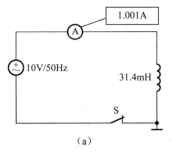 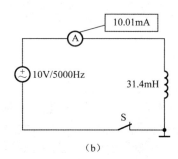

电流表的读数随电源频率的升高而下降

（a）　　　　　　　　　　　　　（b）

图 4.38　电感器的感抗与电源频率成正比

　　2）设置交流电源为 10V/50Hz, 设置电感器的电感量为 3140mH, 电流表读数如图 4.39 所示。

　　3）设置交流电源为 100V/50Hz, 设置电感器的电感量为 31.4mH, 电流表读数如图 4.40 所示。

实验结论：

　　1）电感器对电流有阻碍作用。

　　2）电感器对电流的阻碍作用与电源的频率成正比, 与电感器的电感量成正比。

　　我们把电感器对交流电流的阻碍作用称为感抗, 用符号 X_L 表示, 感抗与交流电源的频率成正比, 与电感器的电感量成正比。感抗的计算公式为

$$X_L = 2\pi f L$$

式中, f——电源频率, 单位为 Hz;

　　　　L——电感器的电感量, 单位为 H;

　　　　X_L——电感器的感抗, 单位为 Ω。

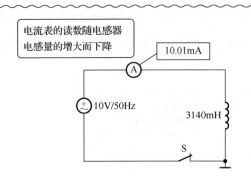

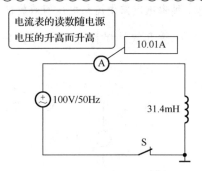

图 4.39　电感器的感抗与电感量成正比　　　图 4.40　纯电感电路满足欧姆定律

3）纯电感电路的电压有效值与电流有效值成正比，纯电感电路中电压与电流的有效值、最大值满足欧姆定律，即

$$X_L = \frac{U_L}{I_L} = \frac{\sqrt{2}U_L}{\sqrt{2}I_L} = \frac{U_{Lm}}{I_{Lm}}$$

3. 纯电感电路的功率

在交流电路中，当电流增加时，电感器从交流电源吸收电能并储存起来；当电流减小时，电感器向交流电源释放电能。电感器只与电源进行能量交换，它本身不消耗电能，因此纯电感电路的有功功率为零。我们把电感器在单位时间内与电源进行的能量交换称为纯电感电路的无功功率，用符号 Q_L 表示。纯电感电路的无功功率在数值上等于电感器端电压有效值 U_L 与流过它的电流有效值 I_L 之积，即

$$Q_L = U_L I_L = I_L^2 X_L = \frac{U_L^2}{X_L}$$

式中，Q——无功功率，单位为 var（乏）。

电感器的特性：

1）隔交通直。当电源为高频电源，即 $f \to \infty$ 时，感抗 $X_L = 2\pi f L$ 趋于无穷大，电路相当于断路，这就是电感器的"隔交"特性；当电源为直流电源，即 $f = 0$ 时，感抗 $X_L = 2\pi f L$ 为零，电路相当于短路，电感器对于直流电源没有阻碍作用，这就是电感器的"通直"特性。

2）电感器的有功功率为零，电感器不消耗电能。

3）电感器的无功功率表征了电感器与电源进行能量交换的能力。

■4.2.3　纯电容电路

在一个交流电路中，当电容元件的电容量很大，而电路中的电阻与电感可以忽略时，可将此交流电路视为纯电容电路，如图 4.41 所示。

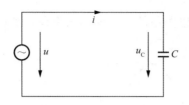

图 4.41 纯电容电路

1. 纯电容电路电压与电流的相位关系

我们通过仿真实验来了解纯电容电路电压与电流的相位关系。

仿真实验 纯电容电路电压与电流的相位关系

　　用 EWB 仿真软件搭接如图 4.42 所示的仿真实验电路。用交流电源向电路提供 10V/50Hz 的交流电压信号，在交流电路中串入一个阻值很小的电阻器，采样电路中的电流。用示波器 A 通道检测交流电路总电压的波形，用 B 通道检测电阻器两端电压的波形。示波器检测的电压与电流相位关系波形图如图 4.43 所示。

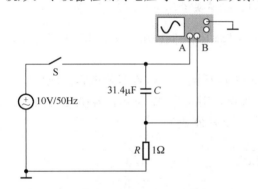

图 4.42 纯电容电路电压与电流相位关系
　　　　仿真实验电路

　　电阻器端电压与流过的电流同相位，因此 1Ω 的采样电阻器的端电压波形就是纯电容电路电流的波形。

　　特别提示：采样电阻器的阻值 R 必须足够小，否则会影响电路的纯电容特性。

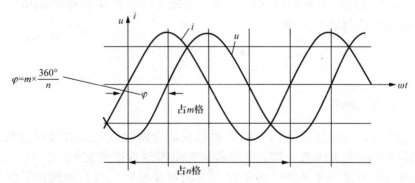

图 4.43 纯电容电路电压与电流相位关系波形图

　　实验现象：示波器显示，电流、电压的波形一个周期为 4 格，它们之间的相位差一格，由相位差的计算公式得出相位差 $\varphi = 90°$。

　　实验结论：纯电容电路电流的波形超前于电压 90°。

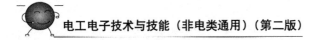

纯电容电路电压与电流相位关系的波形图与矢量图，如图 4.44 所示。

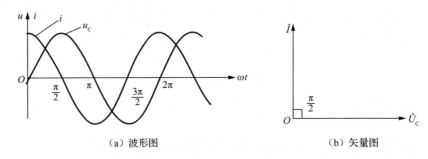

（a）波形图　　　　　　　　　　　　　　　　　（b）矢量图

图 4.44　纯电容电路电压与电流相位关系的波形图与矢量图

> **提示**：纯电容电路电压与电流相位关系的波形图显示，当电压为最大值时，电流为零；当电流为最大值时，电压为零。可见，纯电容电路电压与电流的瞬时值不满足欧姆定律。

2. 电容器的容抗、纯电容电路电流与电压间的数量关系

纯电容电路电流与电压间的数量关系与纯电感电路相似，同样可用仿真实验得到结论，即

1）电容器对交流电流有阻碍作用。

2）电容器对交流电流的阻碍作用与电源的频率成反比，与电容器的电容量成反比。

我们把电容器对交流电流的阻碍作用称为容抗，用符号 X_C 表示，容抗与交流电源的频率成反比，与电容器的电容量成反比。容抗的计算公式为

$$X_C = \frac{1}{2\pi f C}$$

式中，f——电源频率，单位为 Hz；

C——电容器的电容量，单位为 F。

3）纯电容电路的电压有效值与电流有效值成正比，纯电容电路的电压与电流的有效值、最大值满足欧姆定律，即

$$X_C = \frac{U}{I} = \frac{U_{Cm}}{I_{Cm}}$$

3. 纯电容电路的功率

在交流电路中，当电压升高时，电容器从交流电源吸收电能并储存起来；当电压降低时，电容器向交流电源释放电能。电容器只与电源进行能量交换，它本身不消耗电能，因此纯电容电路的有功功率为零。我们把电容器在单位时间内与电源进行的能量交换称为纯电容电路的无功功率，用符号 Q_C 表示。纯电容电路的无功功率在数值上等于电容器端电压有效值 U_C 与流过它的电流有效值 I_C 之积，即

$$Q_C = U_C I_C = \frac{U_C^2}{X_C} = I_C^2 X_C$$

式中，Q_C——无功功率，单位为 var（乏）。

电容器的特性：

1）隔直通交。当电源为直流电源，即 $f=0$ 时，容抗为无穷大，电容电路相当于断路，这就是电容器的"隔直"特性；当电源为高频电源，即 $f \to \infty$ 时，容抗趋近于零，电路相当于短路，这就是电容器的"通交"特性。

2）电容器的有功功率为零，电容器不消耗电能。

3）电容器的无功功率表征了电容器与电源进行能量交换的能力。

RL 串联电路

前面我们学过电阻器的串、并联，知道了电阻器串、并联的特点。如果将电阻器、电容器、电感线圈串联在一起，它们又具有怎样的特点呢？下面将分析 RL 串联电路的特点。

实际上很多用电电路都同时具备电阻和电感元件，例如大家比较熟悉的荧光灯电路，就是由镇流器（电感线圈）和灯丝灯管（电阻器）组成的，其等效电路如图 4.45 所示。

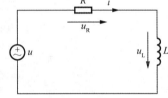

图 4.45 RL 串联电路

1. 各电压间的关系

由串联电路的特点可知，在串联电路中电流处处相等，电阻器和电感器两端电压有效值的矢量和等于总电压的有效值。由于电阻器两端电压和流过它的电流的相位相同，电感器两端电压的相位超前流过它的电流的相位 90°，假设电流的大小为

$$i = I_m \sin(\omega t)$$

则有

$$\left. \begin{array}{l} u_R = U_{Rm} \sin(\omega t) \\ u_L = U_{Lm} \sin\left(\omega t + \dfrac{\pi}{2}\right) \\ u = u_R + u_L \end{array} \right\} \tag{4.8}$$

电压的瞬时值不能用数字直接相加，其有效值的矢量图如图 4.46 所示。

由式（4.8）中的 U_R、U_L，为求矢量和 U，以它们为三边，即得 RL 串联电路的电压三角形，如图 4.46（b）所示。由电压三角形可知

$$U = \sqrt{U_R^2 + U_L^2}$$

由上述分析可知，总电压超前电流一个小于 $\dfrac{\pi}{2}$ 的 φ 角。

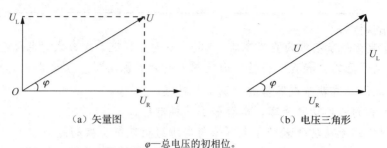

（a）矢量图　　　　　　　　　（b）电压三角形

φ—总电压的初相位。

图 4.46　RL 串联电路矢量图与电压三角形

2. 电阻、感抗和阻抗间的关系

电阻 R 和感抗 X_L 对交流电的共同阻碍作用用阻抗 Z 表示，其单位为欧姆（Ω）。在电压三角形的每个边同时除以电流的有效值 I，可以得到阻抗三角形，如图 4.47 所示。

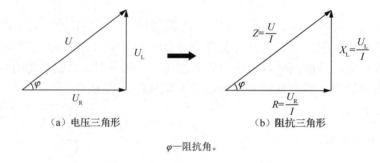

（a）电压三角形　　　　　　　（b）阻抗三角形

φ—阻抗角。

图 4.47　RL 串联电路的电压三角形和阻抗三角形

由阻抗三角形可知

$$Z = \sqrt{R^2 + X_L^2}$$

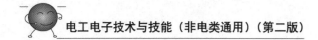

交流电路的功率与提高功率因数

■ 4.4.1　交流电路的功率

在 RL 电路中，电阻器消耗电能，即有功功率 $P = IU_R = I^2R$；电感器与电源进行能量交换，即无功功率 $Q_L = IU_L = I^2X_L$；电源提供的总功率，即电路两端的电压与电流有效值的乘积，称为视在功率，以 S 表示，其数学式为

$$S = UI$$

视在功率又称为表观功率，它表示电源提供给该负载的总功率，即表示交流电源提供给该负载的容量大小，单位为 V·A。

我们把电压三角形各边同时扩大 I 倍，就又得到一个与电压三角形相似的三角形，它的三条边分别为 P、Q 和 S，这三个量之间满足矢量关系，由这三个量组成的三角形称为功率三角形，如图 4.48 所示。它形象地体现了有功功率 P、无功功率 Q、视在功率 S 三者间的关系，即

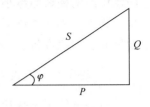

图 4.48　功率三角形

$$S = \sqrt{P^2 + Q^2}$$
$$P = S \cos \varphi$$
$$Q = S \sin \varphi$$

从功率三角形可见，电源提供的功率不能全部转换成有功功率，这样就存在电源功率的利用问题。为了反映这种利用率，我们把有功功率与视在功率的比值称为功率因数，由图 4.48 可得

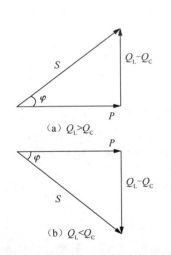

（a）$Q_L > Q_C$

（b）$Q_L < Q_C$

图 4.49　RLC 串联电路的功率三角形

$$\cos \varphi = \frac{P}{S}$$

上式表明，当电源容量（即视在功率）一定时，功率因数大就说明电路中电源的利用率高。但工厂中的用电器（如交流异步电动机等）多数是感性负载，功率因数往往较低。

在 RLC 串联的交流电路中，电阻器上消耗的有功功率 $P_R = U_R I$，电感器上占用的无功功率 $Q_L = U_L I$，电容器上占用的无功功率 $Q_C = U_C I$。U_L 与 U_C 反相，属于相减关系，所以在电感器和电容器上所占用的无功功率为

$$Q = Q_L - Q_C = U_L I - U_C I = I(U_L - U_C)$$

以 P、Q 作邻边，用平行四边形法则求出电路的视在功率 S。由 P、Q、S 三边所围成的三角形，称为 RLC 串联电路的功率三角形，如图 4.49 所示。

4.4.2　提高功率因数的意义和方法

节约电能，就是要求最大限度地提高设备的电能利用率。准确地说就是千方百计地降低设备对无功功率的占用，努力提高功率因数，从而提高有功功率在视在功率中的比例。

1. 提高功率因数的重要意义

提高功率因数的意义体现在以下两个方面：

1）提高电气设备对电能的利用率，使设备的容量得到充分利用。例如，一台容量（即视在功率）为 500kV·A 的发电机，如果它的功率因数 $\cos \varphi = 1$，则它输出的有功功率 $P = S \cos \varphi = 500$kW；如果它的功率因数 $\cos \varphi = 0.6$，则它输出的有功功率就只有 300kW，说明这台发电机在功率因数为 0.6 时，其额定容量的利用率（有功功率）只有 60%。

2）提高输电线路对电能的传输效率，减少电压损失，节约输电线路的材料。在 $P = IU\cos\varphi$ 中，如果传输功率 P 不变（即传输同样的功率），功率因数 $\cos\varphi$ 越高，则传输电流 I 越小，所需电线的横截面越小，这样就可以用横截面积较小的电线传输同样的功率，节省了电线材料。再者，因传输电流减小，电线的电压损失 $\Delta U = \Delta IR$ 也小，一方面节约了电能，另一方面保证了用电设备所需的额定电压。

2. 提高功率因数的方法

电力系统中大量使用感性负载（如各类电动机），其功率因数较低，为提高电力系统的功率因数，通常采用下面两种方法：

1）并联电容器补偿法。在感性电路两端并联适当电容量的电容器，抵消电感器对无功功率的占用，从而提高功率因数。

2）合理选用用电设备。在电力系统中提高自然功率因数主要是指合理选用电动机，即不要用大容量的电动机来带动小功率负载（即俗话说的"不要用大马拉小车"）。另外，应尽量不让电动机空转。

思考与练习

一、简答题

1. 根据 $I = 5\mathrm{A}$，$f = 50\mathrm{Hz}$，初相位 $\varphi_0 = \dfrac{\pi}{6}$，写出其瞬时值解析式。

2. 正弦交流电的解析式为 $e = 311\sin\left(628t + \dfrac{\pi}{4}\right)\mathrm{V}$，画出其波形图和旋转矢量图。

3. 试分析在直流电路和交流电路中感抗和容抗的工作情况。

二、计算题

1. 已知 $e = 10\sin\left(628t - \dfrac{\pi}{3}\right)\mathrm{V}$，求其最大值、有效值、角频率、频率、周期、相位和初相位。

2. 图 4.50 所示的电熨斗的额定电压 $U_{额} = 220\mathrm{V}$，额定功率 $P_{额} = 1000\mathrm{W}$，在 220V 的工频交流电源下工作，求电熨斗的电流有效值和它的电阻值。如果它正常工作 3h，那么消耗多少度电？

图 4.50 电熨斗

3. 某电感线圈的电感为 100mH，接在 $u = 220\sqrt{2}\sin 314t(\mathrm{V})$ 的交流电路中，求电感线圈的电流有效值、瞬时值表达式和无功功率（该线圈电阻忽略不计）。

4. 某电容器的容量为 30μF，接在 $u = 220\sqrt{2}\sin 314t(\mathrm{V})$ 的交流电路中，求电容器的电流有效值和无功功率。

5. 荧光灯电路可等效为阻值 $R = 300\Omega$ 的电阻器与感抗 $X_L = 400\Omega$ 的电感线圈相串联，接到 220V 的工频电源上，求该电路的等效阻抗 Z 和电流有效值 I。

6. 已知 $R = X_L = X_C = 10\Omega$，求三者串联后的等效电阻。

7. 已知某电厂以 220kV 的电压传输给负载 440MW 的电力，若输电线路的总电阻为 10Ω，试计算负载的功率因数由 0.5 提高到 0.9 时，输电线上一年（以 365 天计算）损失的电能。

单元 **5**

三相正弦交流电路

知识目标 ☞

1. 了解三相正弦交流电源的产生过程,以及三相交流电的应用。
2. 理解相序的意义。
3. 了解实际生活中的三相四线供电制,了解星形连接中中性线的作用。
4. 了解星形、三角形连接方式下线电压和相电压的关系,线电流、相电流和中性线电流的关系。
5. 理解三相负载功率的概念。

能力目标 ☞

1. 会连接一个三相负载电路。
2. 会观察并测试三相星形负载电路在有、无中性线时的运行情况,测量相关数据,并会进行比较。
*3. 完成教材"第五部分"的"实训项目3"。

5.1

三相正弦交流电

三相正弦交流电是由三个频率相同、振幅相等、相位差互为 120° 的交流电动势组成的电力系统，简称为三相交流电。三相交流电较单相交流电有很多优点，它在发电、输配电及电能转换为机械能方面都有明显的优越性。例如，制造三相发电机、变压器都比制造单相发电机、变压器省材料，而且其构造简单、性能优良。三相交流电由于具有上述优点，所以获得了广泛应用。那么，什么是三相交流电？它是怎样产生的呢？

三相交流电是由三相交流发电机产生的。三相交流发电机的原理图如图 5.1 所示，它由定子和转子组成。定子由三组几何尺寸和匝数相同的线圈组成，如图 5.1 中的 U_1U_2、V_1V_2、W_1W_2 三组。转子是一对磁极。

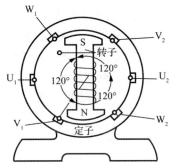

图 5.1　三相交流发电机的原理图

当转子按顺时针方向以角频率 ω 匀速转动时，就相当于各相绕组在磁场中以角频率 ω 匀速做切割磁感线运动，因而产生感应电动势 e_1、e_2、e_3。由于三个绕组结构相同，在空间上相差 $2\pi/3$，因而三个电动势的最大值相等，频率相同，彼此间的相位差相差 $2\pi/3$。如果规定 e_1 的初相位为 0，那么三相电动势的表达式为

$$\left.\begin{array}{l} e_1 = E_m\sin(\omega t) \\[2mm] e_2 = E_m\sin\left(\omega t - \dfrac{2\pi}{3}\right) \\[2mm] e_3 = E_m\sin\left(\omega t + \dfrac{2\pi}{3}\right) \end{array}\right\} \tag{5.1}$$

它们的波形图和矢量图如图 5.2 所示。

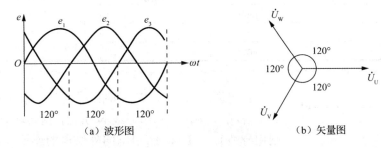

（a）波形图　　　　　　　　（b）矢量图

图 5.2　三相电动势的波形图和矢量图

在电工和电力技术中，把这种最大值相等、频率相同、相位彼此相差 $2\pi/3$ 的三相电动势称为对称三相电动势，U、V、W 的这种先后顺序习惯上称为相序，能供给三相电动势的电源称为三相电源，产生三相电动势的每个线圈称为一相。

5.2 三相四线供电制

什么是三相四线供电制？它在实际生产生活用电中有什么意义呢？我们先从下面的实践活动中了解一下三相四线供电制的意义。

■ *实践活动　观察三相星形负载电路在有、无中性线时的电压值变化

1）将三个白炽灯 100W、60W、40W 分别接在三相四线制电源上，连接成一个三相负载电路，如图 5.3 所示。用万用表测每相电压，并记录在表 5.1 中。

2）将前面的三个灯接在如图 5.4 所示的三相三线制的电路上，用万用表测每相电压，并记录在表 5.1 中。

3）比较数据，得出结论。

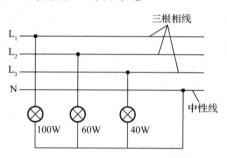

图 5.3　接中性线时的相电压测量

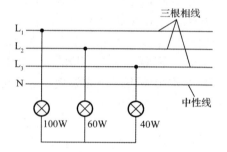

图 5.4　不接中性线时的相电压测量

表 5.1　观察三相星形负载电路在有、无中性线时的电压值变化

接中性线（图 5.3）		不接中性线（图 5.4）		比较并得出结论
灯	电压值	灯	电压值	
100W		100W		
60W		60W		
40W		40W		

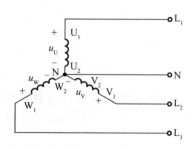

图 5.5　三相四线制供电电路

把电源的 U、V、W 三根相线的三个末端 U_2、V_2、W_2 和中性线 N 接在一起用导线 N 引出，由始端 U_1、V_1、W_1 分别用导线 L_1、L_2、L_3 引出向外供电的连接方式，称为三相四线制供电，如图 5.5 所示。

电源采用三相四线制供电可以给负载提供两种电压，若将负载连接到每根相线和中性线之间，负载可得到的电压称为相电压，用 U_P 表示，其正方向规定为由绕组的始端指向末端。三相相电压用 U_{UP}、U_{VP}、U_{WP} 表示。若将负载连接

到两相绕组端线（任意两根相线之间），负载得到的电压称为线电压，用 U_L 表示。

根据线电压和相电压的旋转相量图关系，可以得出以下结论：

三个线电压有效值相等，都等于相电压的 $\sqrt{3}$ 倍，在相位上分别超前相应的相电压 $\dfrac{\pi}{6}$，各线电压的相位差都是 $\dfrac{2}{3}\pi$。

【例 5.1】在三相四线制供电系统中，已知线电压为 380V，求相电压。

解：因为线电压等于相电压的 $\sqrt{3}$ 倍，故

$$U_P = U_L \times \frac{1}{\sqrt{3}} = 380 \times \frac{1}{\sqrt{3}} \approx 220(V)$$

图 5.6　三相四线制插座

三相四线制在现实生活中应用很广泛，如图 5.6 所示为三相四线制插座，图 5.7 所示为三相四线制电能表接线图。

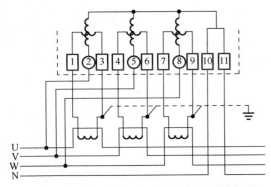
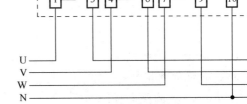

（a）带电流互感器间接计量的三相四线制电能表接线图　　　（b）直接接线计量的三相四线制电能表接线图

图 5.7　三相四线制电能表接线图

注：1~3、4~6、7~9 为电流线圈；2、5、8 为电压线圈；10 为接零端。相序要正相序，否则计量不准。

▣ *知识拓展

三相负载的连接

1. 星形连接

三相电动机电路是一个典型的三相对称感性负载电路。根据电动机三相绕组连接方式的不同，三相对称感性负载有星形连接和三角形连接两种形式。

电动机的星形连接如图 5.8 所示。

（1）负载的相电压

负载的相电压 U_P 为负载线电压 U_L 的 $\dfrac{1}{\sqrt{3}}$ 倍 $\left(U_P = \dfrac{1}{\sqrt{3}}U_L\right)$，为 220V，相位互差 120°。

（2）负载的相电流及线电流

1）负载的相电流。每相负载的相电流相对于相电压的相位滞后角度相同，等于单相负

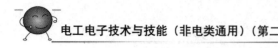
载的阻抗角；每相负载相电流的大小相等，相位互差 120°。

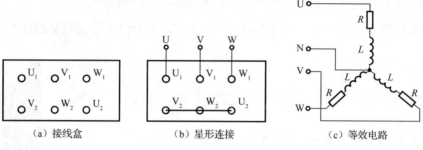

（a）接线盒　　　（b）星形连接　　　（c）等效电路

图 5.8　电动机的星形连接

2）负载的线电流。三相对称负载做星形连接时，每相线电流等于对应的负载相电流 I_P（$I_L = I_P$）。由于三相对称负载的相电流大小相等、相位互差 120°，所以三相对称负载做星形连接时的线电流也大小相等、相位互差 120°。

（3）负载的功率

三相对称感性负载的功率也分为有功功率、无功功率和视在功率。

$$P = P_U + P_V + P_W = 3U_P I_P \cos\theta = \sqrt{3} U_L I_L \cos\theta$$

$$Q = Q_U + Q_V + Q_W = 3U_P I_P \sin\theta = \sqrt{3} U_L I_L \sin\theta$$

$$S = \sqrt{P^2 + Q^2}$$

式中，U_P——负载的相电压；

　　　I_P——负载的相电流；

　　　U_L——负载的线电压；

　　　I_L——负载的线电流；

　　　θ——单相负载的阻抗角。

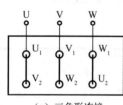

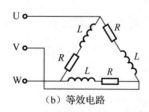

（a）三角形连接

（b）等效电路

图 5.9　电动机的三角形连接

2. 三角形连接

电动机的三角形连接如图 5.9 所示。

（1）负载的相电压

负载的相电压 U_P 等于负载线电压 U_L（即 $U_P = U_L$），为 380V，相位差为 120°。

（2）负载的相电流及线电流

1）负载的相电流。每相负载的相电流相对于相电压的相位滞后角度相同，等于单相负载的阻抗角；每相负载相电流的大小相等，相位互差 120°。

2）负载的线电流。由于三相对称负载的相电流大小相等、相位互差 120°，所以三相对称负载做三角形连接时的线电流也大小相等、相位互差 120°，且线电流 I_L 为负载相电流 I_P 的 $\sqrt{3}$ 倍，即

$$I_L = \sqrt{3} I_P$$

（3）负载的功率

三相对称负载做三角形连接时，负载功率的计算公式与三相对称负载做星形连接时负载功率的计算公式一样，即

$$Q = Q_U + Q_V + Q_W = 3U_P I_P \sin\theta = \sqrt{3} U_L I_L \sin\theta$$

$$P = P_U + P_V + P_W = 3U_P I_P \cos\theta = \sqrt{3} U_L I_L \cos\theta$$

$$S = \sqrt{P^2 + Q^2}$$

思考与练习

一、简答题

1. 当电动机做星形连接时，其中性线可不可以去掉？为什么？

2. 三相对称负载做三角形连接时与做星形连接时负载功率的计算公式一样，那么在同一电源下这两个功率是否一样？

3. 在同一电源作用下，做星形连接与做三角形连接时的线电压是否相等？

4. 什么是相序？

5. 负载做三角形连接时，为什么线电压等于相电压？

二、计算题

1. 已知三相四线制电源相电压为 6kV，线电压是多少？

2. 有一台三相电炉，每相电阻为 22Ω，做星形连接，接于 380V 的三相对称电源上，试求其相电压、相电流与线电流。

第二部分

电 工 技 术

単元 **6**

常用电工电器

单元学习目标

知识目标 ☞

1. 了解发电、输电和配电过程，了解电力供电的主要方式和特点，了解低压供配电系统的基本组成。
2. 掌握几种常用的节约用电的方法。
3. 了解常用照明灯具、节能新型电光源及其应用。
4. 了解单相变压器的基本结构、额定值及用途，理解其工作原理、变压比、变流比的概念。
5. 了解三相笼形异步电动机的基本结构与铭牌参数。
6. 了解单相异步电动机的基本结构与工作原理。
7. 了解常用低压电器的分类、符号、结构、工作原理及应用。

能力目标 ☞

1. 能够在日常生活中使用节约用电技术。
2. 能够根据照明场所需要选用合理的灯具。
3. 能正确使用直流电动机。
4. 能够根据实际需要选用合理的低压电器。
*5. 完成教材"第五部分"的"实训项目4"。

6.1

电力供电与节约用电

6.1.1 发电、输电与配电系统的组成

目前我国电力的产生主要由火电厂、水电站、核电厂及新能源发电厂承担。要将这些发电厂所产生的电能输送到各用电单位，就要对电能进行远距离传输。为了提高输电效率，减小线路中的损耗，我国采用高压线路送电。从发电厂到各用户的输电过程如图 6.1 所示。

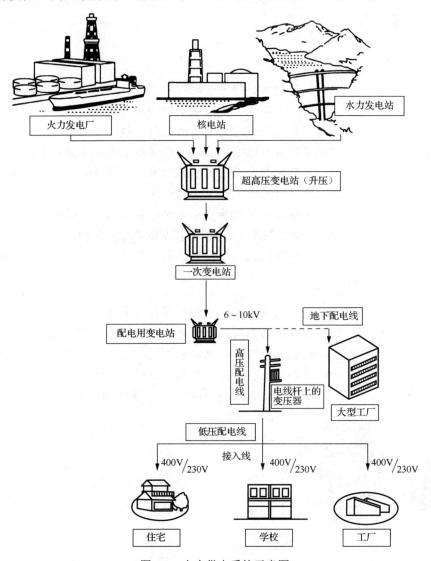

图 6.1　电力供电系统示意图

由于发电机所发电压不高，所以要经过升压变压器把电压升高后输给高压电网（常用等级有 35kV、110kV、220kV、330kV 和 500kV）。当高压电经过传输网络输送到用户附近时，需要先进行一次降压，然后分配到各个用电部门，各个用电部门再根据需要，把电压经二次降压系统变为 220V/380V，最后供给各用电器使用。

■ 6.1.2 低压配电系统的供电方式及其特点

我国民用电是单相 220V 交流电，工厂采用的动力电是 220/380V 交流电。低压配电系统的供电方式有三相三线制（380V）、三相四线制（380/220V）及三相五线制（220V）。那么，这些供电方式是怎样实现的呢？

实际上在变电所（站）的变压器输出来的电线最多有 5 根，分别是 3 根相线（即常说的 U、V、W 相，俗称火线）、1 根中性线（俗称零线，用 N 表示）、1 根地线（俗称保护线，用 PE 表示）。常见的低压配电系统如图 6.2 所示。

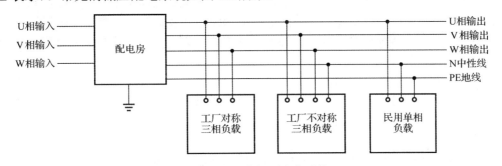

图 6.2　常见的低压配电系统

在工厂里面的三相对称负载（如三相对称电动机）上，只需接上 3 根相线就可以正常工作。这种只接 3 根相线供电的系统就是三相三线制供电。3 根相线之间的电压为 380V。

在工厂里面的不对称三相负载上，以及工厂的单相设备上，还需要三相四线制供电。在不对称三相负载上，既要接 3 根相线，也要接 1 根中性线，此时中性线的作用就是提供电流通路。单相设备（如单相电动机、照明、办公设备等）需要接 1 根相线和 1 根中性线，此时的中性线也是电流的通路。在三相四线制供电系统中，相线与相线之间的电压为 380V，相线与中性线之间的电压是 220V。

为了提高用电的安全性，增加保护的措施，在民用电中采用三相五线制供电，即用 3 根相线、1 根中性线、1 根地线供电。一般是把这 5 根线布设到小区配电房中，然后从 5 根线中取 1 根相线、1 根中性线、1 根地线接到某一栋房屋中。相线和中性线间的电压为 220V。地线一般接到设备的金属外壳上，起保护作用。

■ 6.1.3 节约用电的方法

电力资源是现今社会的主要能源之一，节约用电就是提高电力能源的有效利用程度，它有着重大的经济效益、社会效益和环境效益。节约用电的主要途径有：提高用电设备的功率因数；利用电动机调压节电技术和电动机调速节电技术提高电动机的电能效率；采用节能照明光源。

6.2 照明灯具及其选用

自 1879 年爱迪生发明电灯以来，照明技术已经过了 140 多年的发展。现在的照明灯具，已经成为人们日常生产生活中必不可少的物质条件之一。在不同的环境下所使用的灯具也不尽相同。目前照明所使用的灯具品种繁多，功能各异，新品层出不穷。

■ 6.2.1 电光源的种类

电照明按发光的原理不同可分为电阻发光、电弧发光、气体发光、荧光粉发光和半导体发光五类；按照明使用的性质分为一般照明、局部照明和装饰照明三类；按照明使用的方式分为连续照明和间断照明两类；按电光源的启动方式分为电压自适应和辅助触发两类等。下面介绍电光源的种类。

（1）电阻发光

这是一种利用导体自身的固有电阻通电后产生热效应，达到炽热程度而发光的类型，如常用的白炽灯、碘钨灯等。

（2）电弧发光

这是一种利用电极的放电产生高热电弧而发光的类型，如弧光灯。

（3）气体发光

这是一种在透明玻璃管内注入稀薄气体和金属蒸气，利用二级放电使气体高热而发光的类型，如钠灯、镝灯等。

（4）荧光粉发光

这是一种在透明玻璃管内注入稀薄气体或微量金属，并在玻璃管内壁涂上一层荧光粉，在电极放电后利用气体的发光作用使荧光粉吸收再发出另一种光的类型，如荧光灯等。

（5）半导体发光

发光二极管（light emitting diode，LED）是一种半导体器件，它能将电能直接转换为光能（红外光或可见光），具有很高的电与光转换效率。

日常照明中常用到的热辐射光源主要有白炽灯和卤钨灯。气体放电光源主要有低气压放电灯，如荧光灯、节能灯、低压汞灯和钠灯，以及高气压放电灯，如高压汞灯、高压钠灯、高压氙灯等；半导体光源主要有 LED 灯及新型光源（如金属卤化物灯）。图 6.3～图 6.8 所示为常用的光源外形。

图 6.3　碘钨灯

图 6.4　高压钠灯

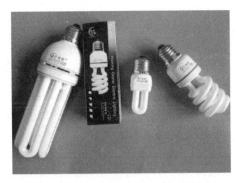

图 6.5　节能灯

图 6.6　金属卤化物灯

图 6.7　高压汞灯

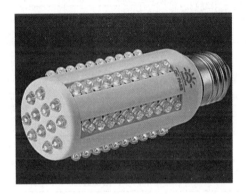

图 6.8　LED 灯

知识窗　半导体光源中的新宠——LED 灯

　　LED 灯是近几年迅速发展起来的一种新型半导体光源，是新型高效固体光源，具有节能、环保、耐冲击碰撞和寿命长等显著优点。在同样亮度下，半导体照明耗电仅为普通白炽灯的 1/10，节能灯的 1/2，使用寿命却可能延长 100 倍。LED 灯属于全固体冷光源，更小、更轻。

　　除寿命长、耗能低外，LED 灯的优点还有：

　　1）应用非常灵活。可以做成点、线、面等各种形式的轻薄短小产品。

　　2）环保效益更佳。由于光谱中没有紫外线和红外线，既没有热量，也没有辐射，属于典型的绿色照明光源。其废弃物可回收，没有污染。

　　3）控制极为方便。只要调整电流，就可以随意调光。不同光色的组合变化多端，利用时序控制电路更能使 LED 灯达到丰富多彩的动态变化效果。

　　在我国各大城市，已经随处可见 LED 灯。可以预见，在不久的将来，白炽灯和荧光灯等传统照明技术都将被 LED 灯取代。

▎6.2.2 常见照明灯具的选用

在选择照明灯具类型时，要综合考虑各种灯具的发光效率、使用寿命、适应场所和显色性等，尽量做到实用、经济、美观和避免浪费。

在实际应用中，可以根据不同的要求来选择不同的灯具，如表 6.1 所示。

表6.1 常见电光源按功能要求的分类及适用场所

功能要求	电光源种类	适用场所
发光效率较高	高压钠灯	街道、桥梁等大型露天场地的照明
	金属卤化物灯	体育馆、剧场、广场、大型超市等大面积照明
	荧光灯	办公室、地铁、商场等场所
	LED 灯	汽车尾灯、居家照明、建筑物泛光装饰照明
显色性较好	白炽灯	室内照明
	碘钨灯	体育馆、剧场、广场、大型超市等大面积照明
	荧光灯	办公室
	金属卤化物灯	体育馆、剧场、广场、车间、车站码头，对颜色要求不高的场合
寿命长	高压汞灯	广场、车间、车站码头
	高压钠灯	广场、车间、车站码头
能瞬时起动	白炽灯	室内照明
	碘钨灯	体育馆、剧场、广场、大型超市等大面积照明

不同种类的灯具在安装时有多种方式，如悬吊式、顶棚吸顶式、壁式、顶棚嵌入式、落地式、台式、庭院式、道路广场式等。

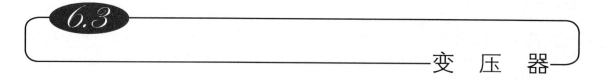

6.3 变 压 器

在电工和电子产品中，变压器是被广泛应用的设备之一。变压器是一种用于电能和信号转换的电气设备，它的作用是在电路中变换电压、电流和阻抗。

▎6.3.1 单相变压器的基本结构、额定值与用途

1. 单相变压器的基本结构

变压器由磁路系统、电路系统、冷却系统组成。磁路系统主要指铁芯，电路系统主要指绕组（线圈），还有附属绝缘系统。单相变压器的基本结构和实物如图 6.9 所示。

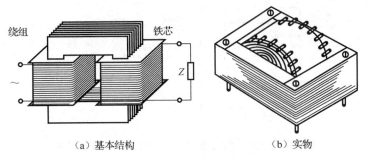

（a）基本结构　　　　　　　　（b）实物

图 6.9　单相变压器的基本结构和实物

铁芯构成了电磁感应所需的磁路。变压器使用的铁芯材料主要是硅钢片。铁芯一般由多片厚度为 0.35～0.5mm 的硅钢片叠压而成，硅钢片间用绝缘漆绝缘。

变压器线圈主要由漆包线绕制。对于线圈导线，要求既要有良好的导电性能，又要有足够的绝缘、耐热性能，还要有一定的耐腐蚀能力。一般情况下最好用高强度的聚酯漆包线。

2. 单相变压器的额定值

单相变压器的额定值主要有额定容量、额定电压和额定电流。

额定容量 S_N：变压器在额定工作状态下，二次绕组的视在功率，单位为 V·A（伏安）。单相变压器的额定容量为

$$S_N = U_{2N} I_{2N}$$

额定电压：变压器的额定电压分为一次侧额定电压 U_{1N} 和二次侧额定电压 U_{2N}。其中，一次侧额定电压指加在一次绕组上的正常工作电压值，它是根据其绝缘强度和发热条件而规定的。二次侧额定电压是指变压器空载时，一次绕组加上额定电压后，二次绕组两端的电压值。

额定电流：变压器的额定电流分为一次侧额定电流 I_{1N} 和二次侧额定电流 I_{2N}，分别指在变压器允许发热的条件下而规定的一、二次侧满载电流。在三相变压器中，额定电流就是线电流。

3. 单相变压器的用途

单相变压器一般体积很小，不需要专门的散热设施和其他复杂附件。它大量应用于单相用电设备电源，为这些设备提供不同数值的工作电压。例如，机床控制变压器除提供控制电路所需电压外，还要为照明灯提供 36V 照明电源。在电子电器中，单相变压器普遍用于提供电源、耦合、变换阻抗、隔离等。

▌6.3.2　变压器的工作原理及变压比、变流比

变压器是对互感原理的应用。把两个绕组装在同一个铁芯上，当一个绕组接上交流电源时，在另外一个绕组上就会产生互感电动势，这个互感电动势相当于一个电源，可以对负载提供交流电能。变压器的结构示意图与图形和文字符号如图 6.10 所示。

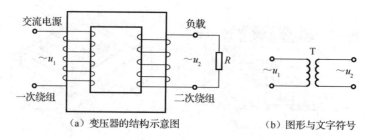

（a）变压器的结构示意图　　　　（b）图形与文字符号

图 6.10　变压器的结构示意图与图形和文字符号

1. 变压器的工作原理

变压器是利用电磁感应原理制成的静止电气设备。将两个绕组套在同一个铁芯上，就构成了一个最简单的变压器。接电源的称为一次绕组，接负载的称为二次绕组。它能将某一交流电压值转换成同一频率的另一种所需电压值的交流电。变压器的结构示意图如图 6.10（a）所示。变压器的文字符号为 T，其图形符号如图 6.10（b）所示。

变压器的类型很多，按用途可以分为电力变压器、专用变压器、仪用变压器和小功率变压器。

2. 变压器的变压比、变流比

变压器的一次绕组、二次绕组的端电压及流过它们的电流之间的关系是否有规律可循？通过实验数据分析，我们可以得到如下结论。

（1）变压比

试验证明，变压器的一次绕组匝数与二次绕组匝数之比等于变压器一次电压与二次电压之比，而且它们的比值是一个常数，我们把这个比值称为变压器的变压比，用符号 K_V 表示。如果变压器一次绕组匝数为 N_1，二次绕组匝数为 N_2，一次电压为 u_1，二次电压为 u_2，则变压器的变压比可以表示为

$$K_V = \frac{N_1}{N_2} = \frac{u_1}{u_2}$$

式中，　K_V——变压器的变压比；

　　　　u_1、u_2——变压器一、二次电压；

　　　　N_1、N_2——变压器一、二次绕组匝数。

（2）变流比

试验证明，变压器一次电流与二次电流之比等于变压器的二次绕组匝数与一次绕组的匝数之比。我们把变压器一次电流与二次电流之比称为变压器的变流比，其表达式为

$$\frac{i_1}{i_2} = \frac{N_2}{N_1} = \frac{1}{K_V} = K_I$$

由上式可以看出，变压器的变流比是变压比的倒数。

通过上面的论述可以知道：通过改变变压器的匝数比，可以改变输入电压和输出电压的比值；通过改变负载的大小，可以改变一次绕组和二次绕组上的电流大小。但理论上一次绕组上所获得的输入功率等于二次绕组上的输出功率；同时，输入交流电压和输出交流电压的频率是相同的。

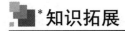

*知识拓展

特殊变压器

1.　电流互感器

我们知道，在直流电路中，要扩大电压表和电流表的量程，可以通过电阻器的串联和并联实现。在交流电路中，出于节能等多种因素考虑，一般不用这种方法，而是采用互感器，下面先介绍电流互感器（图 6.11）。

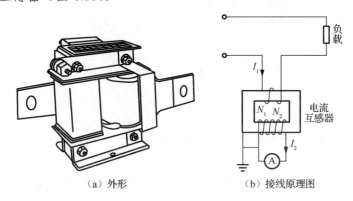

（a）外形　　　　　　　　（b）接线原理图

图 6.11　电流互感器

电流互感器实质是一个单相的小型升压变压器，它将被测电路的大电流转换成电流表量程以内的小电流，以便于测量。这种电流表与电流互感器是配套的，仪表测得的小电流乘以变流比，即 $I_1 = K_1 I_2$，就可以得到被测电路的实际电流。电流表的表盘刻度是根据互感器的变流比换算后得到的，所以所测数据可以直接读取。

使用电流互感器时有两点要特别注意：

1）它的二次侧是高电压、小电流，使用中严禁开路，因开路会产生高压，可能击穿绝缘，甚至使人触电。

2）电流互感器的二次绕组的一端和铁芯必须可靠接地。

2.　电压互感器

电压互感器实质是一个单相小型降压变压器，如图 6.12 所示，它将被测电路的高电压转换成仪表量程以内的低电压，以便于测量。所测数值乘以变压比即得被测电压数值，即通过 $U_1 = K_V U_2$ 就可以得到被测电路的实际电压。电压表的表盘刻度是根据互感器的变压比换算后得到的，所以所测数据也可以直接读取。

电压互感器的二次电压一般设计成 100V，根据国家规定的电压等级，常用电压互感器的变压比为 6000/100、10 000/100、380/100 等，使用中可以根据被测电压数值选择电压互感器和配套的交流电压表。

使用电压互感器时应注意以下三点：

1）使用中，二次绕组严禁短路，否则过大的短路电流会烧毁互感器。

2）二次绕组的一端和互感器铁芯必须可靠接地。

3）因为互感器容量有限，所以不能在其二次绕组接入更多仪表，以免影响测量精确度。

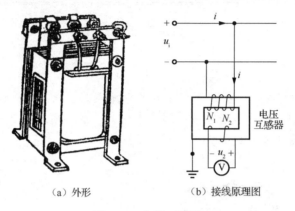

（a）外形　　　　　　　（b）接线原理图

图 6.12　电压互感器

交流电动机

在人们的日常生产和生活中，电动机起到了很大的作用，从家用电器中的各类单相交流电动机和直流电动机，到工厂企业的三相交流电动机，这些电动机都是将电能变为机械能的电力拖动装置。图 6.13 是三相交流电动机的外形。

图 6.13　三相交流电动机的外形

6.4.1　三相笼形交流异步电动机的基本结构

三相笼形交流异步电动机具有结构简单、运行可靠、价格低廉、过载能力强及使用、安装、维护方便等优点，被广泛应用于各个领域。其结构如图 6.14 所示。

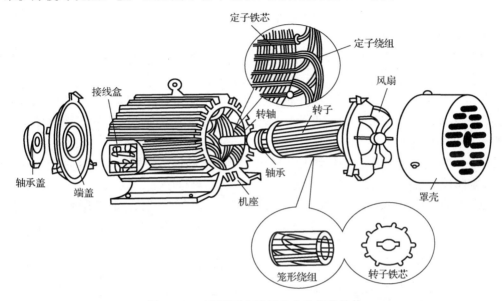

图 6.14　三相笼形交流异步电动机的结构

三相笼形交流异步电动机主要由定子、转子、端盖、风扇、罩壳、接线盒等构成。

1. 定子

定子用来产生磁场和作为电动机的机械支承。电动机的定子由定子铁芯、定子绕组和机座三部分组成。定子铁芯通常采用涂有绝缘漆的 0.5mm 厚硅钢片叠压而成，铁芯内圆分布有均匀的凹槽，用来安放电动机定子绕组线圈，如图 6.15（a）所示。

定子绕组通常采用铜芯漆包线按照一定的规则镶嵌在铁芯中，通电后产生旋转磁场，实现能量转换。三相电动机有 3 个定子绕组［图 6.15（b）］共 6 个接线头，6 个接线头引出到机壳外部的接线盒中。

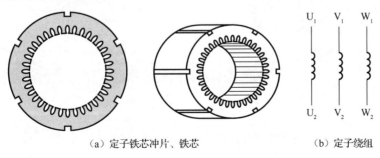

（a）定子铁芯冲片、铁芯　　　　　（b）定子绕组

图 6.15　定子铁芯冲片、铁芯及定子绕组

机座的作用主要是固定和支承定子铁芯。电动机运行时，因内部损耗而产生的热量通过铁芯传给机座，再由机座表面散发到周围空气中。为了增加散热面积，一般用电动机机座外表面的筋片作为散热片。为了搬运方便，大中型的电动机机座上还装有吊环。

2. 转子

电动机的转子是电动机的转动部分，它由转子铁芯、转子绕组和转轴等组成，作用是在旋转磁场作用下获得转动力矩，来带动生产机械转动。

转子铁芯和定子铁芯共同组成电动机的闭合磁路。转子铁芯也是由 0.5mm 厚的硅钢片叠压而成的，它的外圆周上也有凹槽，用来镶嵌转子绕组。

转子绕组采用笼形，用铜条压进铁芯的凹槽内，两端用端环连接，以构成闭合电路。现在铜条转子主要用在功率较大的笼形异步电动机中，而中小型电动机的笼形绕组多用节约成本的铝液浇注而成笼形。

转轴用于支承转子铁芯和绕组，并传递电动机输出的机械转矩，同时保证定子、转子间具有一定的均匀气隙。

铜条笼形转子的结构如图 6.16 所示。铸铝笼形转子的结构如图 6.17 所示。

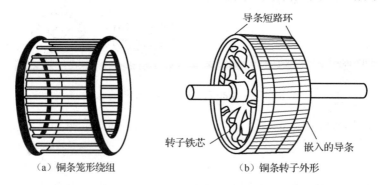

（a）铜条笼形绕组　　　　　　　　　（b）铜条转子外形

图 6.16　铜条笼形转子的结构

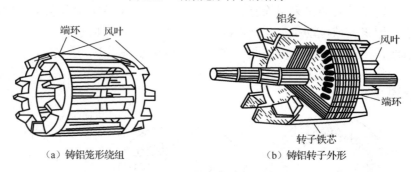

（a）铸铝笼形绕组　　　　　　　　　（b）铸铝转子外形

图 6.17　铸铝笼形转子的结构

3. 其他附件

端盖：装在机座两侧，其轴承室内安放轴承，起支承转子的作用，同时保障定子、转子间同心度的要求。

轴承：支承转轴转动并减小转动摩擦。大中型电动机需要加轴承盖。

风扇套：装在转轴上，工作时转轴带动风扇一起转动，风扇旋转产生的风起冷却电动机的作用，风扇外的风罩起保护风扇的作用。

接线盒：固定在机座上，电动机全部绕组端头都安装在此。它起保护接线桩的作用。

铭牌：标出电动机的主要技术数据，为电动机用户提供该电动机的性能、参数和使用条件。

6.4.2　三相交流异步电动机的铭牌参数

三相交流异步电动机的各种参数和使用条件一般印刻在电动机的铭牌上，一般包括下列几种。

（1）型号

电动机用在不同的场所，对其自身的要求也有很大的差异，所以人们把电动机制成不同的系列，每种系列用规定型号表示。

例如，电动机型号是 Y132S2-2，各数字及字母含义如图 6.18 所示。

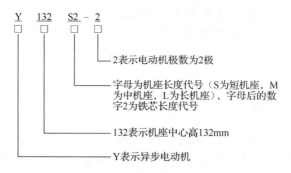

图 6.18　电动机型号的含义

（2）接法

接法即定子三相绕组的连接方法。电动机 3 个绕组有 6 根引出线，分别是 U_1、U_2、V_1、V_2、W_1、W_2。这 6 根线可以连接成星形（丫）和三角形（△）两种。

（3）额定功率

额定功率指电动机在额定情况下运行时，其转轴输出端输出的机械功率，单位一般为千瓦（kW）。

（4）额定电压

额定电压指电动机额定运行时外加于定子绕组上的线电压，单位为伏（V）。

一般规定电动机的工作电压不应高于或低于额定值的 5%。当工作电压高于额定值时，电流大于额定电流，使绕组发热；同时，由于磁通的增大，铁损也增大，使定子铁芯过热，当工作电压低于额定值时，转速下降，电流增加，也使绕组过热，这对电动机的运行也是不利的。

（5）额定电流

额定电流指电动机在额定电压和额定输出功率时定子绕组的线电流，单位为安培（A）。

（6）额定频率

除外销产品外，国内用的异步电动机的额定频率为 50Hz。

（7）额定转速

额定转速指电动机在额定电压、额定频率下输出端有额定功率输出时转子的转速，单位为转/分（r/min）。

（8）绝缘等级

绝缘等级按电动机绕组所用的绝缘材料在使用时容许的极限温度来分级。

（9）极限温度

极限温度指电动机绝缘结构中最热点的最高容许温度，常用的极限温度有 105℃、120℃、130℃、155℃、180℃。

（10）工作方式

工作方式可分为三种——连续运行、短时运行和断续运行。

读一读

步进电动机

读一读

伺服电动机

6.4.3 单相交流异步电动机

与采用三相供电的三相交流异步电动机不同，单相交流异步电动机是采用单相交流电源供电的一种小容量交流电动机，功率为 8～750W。

单相交流异步电动机具有结构简单、成本低廉、维修方便等特点，广泛应用于电冰箱、电扇、洗衣机等家用电器中。但与同容量的三相交流异步电动机相比，单相交流异步电动机的体积较大、运行性能较差、效率较低。

1. 单相交流异步电动机的结构

单相交流异步电动机中专用电动机占很大比例，它们各有其特点，形式繁多，但就其共性而言，电动机的结构都由固定部分（定子）、转动部分（转子）、支承部分（端盖和轴承）三大部分组成。常见单相交流异步电动机的结构如图 6.19 所示。

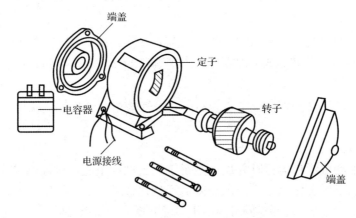

图 6.19　常见单相交流异步电动机的结构

2. 单相交流异步电动机的绕组

单相交流异步电动机的定子绕组常做成两相——主绕组（工作绕组）和副绕组（起动绕组），如图 6.20 所示。两个绕组的中轴线错开一定的电角度，目的是改善起动性能和运行性能。定子绕组多采用高强度聚酯漆包线绕制；转子绕组一般采用笼形绕组，常用铝压铸而成。

3．单相交流异步电动机的起动控制

1）离心开关。在单相交流异步电动机中，除电容运转电动机外，在起动过程中，当转子转速达到同步转速的 70%左右时，常借助于离心开关，切除单相电阻起动异步电动机和电容起动异步电动机的起动绕组，或切除电容起动及运转异步电动机的起动电容器。离心开关一般安装在转轴端轴承盖的内侧。

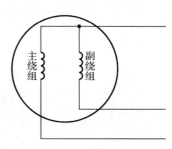

图 6.20　单相交流异步电动机的绕组

2）起动继电器。有些电动机，如电冰箱的电动机，由于它与压缩机组装在一起，并放在密封的罐子里，不便于安装离心开关，就用起动继电器代替。继电器的吸铁线圈串联在主绕组回路中，起动时主绕组电流很大，动铁芯动作，使串联在副绕组回路中的继电器动触点闭合，于是副绕组接通，电动机起动。

3）PTC 起动器。最新式的起动元件是 PTC（positive temperature coefficient，正温度系数，通常指正温度系数热敏电阻），它是一种能"通"或"断"的热敏电阻。PTC 起动器的优点：无触点、运行可靠、无噪、无电火花，防火、防爆性能好，且耐震动、耐冲击，体积小、质量小、价格低。部分电冰箱的电动机就是用 PTC 起动器控制的。

4．单相交流异步电动机的工作原理

当向单相交流异步电动机的定子绕组中通入单相交流电后，会产生按正弦规律变化的脉动磁场。在副绕组产生的起动转矩作用下，产生旋转磁场和电磁转矩，电动机开始转动。

常用低压电器

低压电器的定义：根据使用要求及控制信号，通过一个或多个器件组合，能手动或自动分合额定电压在直流 1200V、交流 1500V 及以下的电路，以实现电路中被控制对象的控制、保护、检测、调节、转换等作用的基本器件，称为低压电器。采用电磁原理构成的低压电器元件，称为电磁式低压电器。

它们的作用主要有以下几点：

1）控制作用：如电梯的上下移动、快慢速自动切换与自动停层等。

2）保护作用：能根据设备的特点，对设备、环境及人身实行自动保护，如电机的过热保护、电网的短路保护、漏电保护等。

3）检测作用：利用仪表及与之相适应的电器，对设备、电网或其他非电参数（如电流、电压、功率、转速、温度、湿度等）进行测量。

4）调节作用：低压电器可对一些电量和非电量进行调节，以满足用户的要求，如柴油机油门的调整、房间温湿度的调节、照度的自动调节等。

5）转换作用：在用电设备之间转换或对低压电器、控制电路分时投入运行，以实现功能切换，如励磁装置手动与自动的转换，供电的市电与自备电的切换等。

低压电器可分为两类：配电电器（如断路器、行程开关、按钮开关、熔断器）和控制电器（如交流接触器、控制器、继电器、电磁起动器）。下面我们重点了解几种常见的低压电器（图 6.21）。

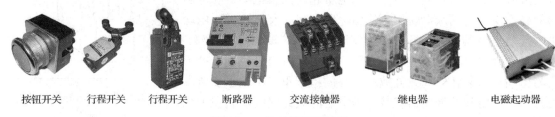

| 按钮开关 | 行程开关 | 行程开关 | 断路器 | 交流接触器 | 继电器 | 电磁起动器 |

图 6.21　常见的低压电器

6.5.1　熔断器

熔断器串联在被保护的电路中，起短路保护作用。它是最简便但是最有效的短路保护电器。

1. 熔断器的种类

根据不同的分类标准，熔断器可以分为有填料熔断器、无填料熔断器、自恢复熔断器、瓷插式熔断器、螺旋式熔断器、快速熔断器等。各种熔断器的外形如图 6.22 所示。

2. 图形符号

任何一类低压电器都有固定的图形符号及文字符号对应，熔断器的图形符号与文字符号如图 6.23 所示。

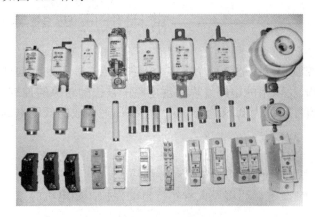

图 6.22　各种熔断器的外形

图 6.23　熔断器的图形符号与文字符号

3. 结构及使用要求

熔断器（图 6.24）的熔片或熔丝是用电阻率较高的易熔合金（如锡铅合金），或用截面面积较小的良导体（如铜、银）制成的。部分熔断器内填充有石英砂等物质，是为了冷却和熄灭熔断时的电弧。

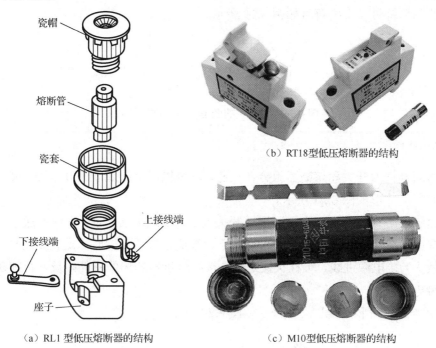

瓷帽

熔断管

瓷套

上接线端

下接线端

座子

（a）RL1 型低压熔断器的结构

（b）RT18型低压熔断器的结构

（c）M10型低压熔断器的结构

图 6.24　低压熔断器的结构

6.5.2　电源开关

在低压电器中，电源开关起隔离电源的作用，且作为不频繁接通和分断电路的器件。目前市场上所用的电源开关常见的有刀开关、组合开关、封闭式开关熔断器组、断路器等，这些开关都采用手动控制。

1. 刀开关（QS）

刀开关由静插座、手柄、触刀、铰链支座和绝缘底板等组成，其外形如图 6.25 所示。

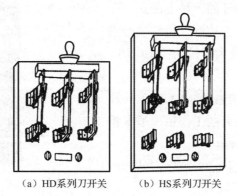

（a）HD系列刀开关　　（b）HS系列刀开关

图 6.25　HD 系列和 HS 系列刀开关外形

按极数的多少来分，刀开关可分为单极（单刀）、双极（双刀）和三极（三刀）三种，它们对应的图形符号与文字符号如图 6.26 所示。

单极　　双极　　　　三极

图 6.26　刀开关的图形符号与文字符号

2. 开关熔断器

开关熔断器把刀开关和熔断器组合在一起，既可以用来接通或断开电源，又可以起短路保护的作用。其外形如图 6.27 所示。

开关熔断器必须垂直安装在控制屏或开关板上，不能倒装，即要保证接通状态时手柄朝上，否则有可能在分断状态时刀开关松动落下，造成误接通；同时，安装接线时，刀开关上柱头（静触头）接电源进线，下柱头接负载。接线时进线和出线不能接反，否则在更换熔丝时会发生触电事故。

开关熔断器的图形符号与文字符号如图 6.28 所示。

图 6.27　开关熔断器的外形

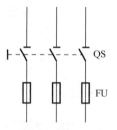

图 6.28　开关熔断器的图形符号与文字符号

6.5.3　接触器

接触器是利用电磁吸力及弹簧反作用力的配合作用，使触点闭合与断开的一种电磁式自动切换电器。它能在外来信号的控制下自动接通或断开正常工作的主电路或较大容量的控制电路，属于自动控制电器。

常用的接触器有交流接触器（CJ 系列）和直流接触器（CZ 系列）。二者的工作原理基本相同，这里主要介绍交流接触器。

交流接触器的结构如图 6.29 所示，外形如图 6.30 所示。

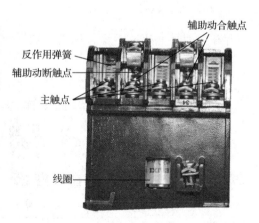

图 6.29　CJ10-20 型交流接触器

图 6.30 常见交流接触器的外形

交流接触器由以下四部分组成。

（1）电磁机构

电磁机构由线圈、动铁芯和静铁芯组成。线圈通电时产生电磁吸力，使动铁芯受吸力而移动，动铁芯上的触点组随之移动，引起电路接通或断开。

（2）触点

按状态的不同，接触器的触点分为动合触点和动断触点。接触器线圈未通电（即释放状态）时断开，而通电（吸合状态）时闭合的触点称为动合触点，反之为动断触点。按用途不同，接触器的触点又分为主触点和辅助触点。主触点用于通断主电路，通常为三对动合触点；辅助触点用于控制电路，起电气联锁作用，通常有动合触点和动断触点各两对。

（3）灭弧装置

容量在 20A 以上的接触器都有灭弧装置。

（4）其他部件

其他部件包括反作用弹簧、缓冲弹簧、触点压力弹簧、传动机构及外壳等。

交流接触器的图形符号与文字符号如图 6.31 所示。

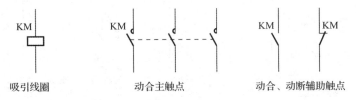

吸引线圈　　　　　　动合主触点　　　　动合、动断辅助触点

图 6.31 交流接触器的图形符号与文字符号

知识窗 接触器在运行中应注意的问题

1）工作电流不应超过额定电流，温度不得过高。分合指示应与接触器的实际状况相符，连接和安装应牢固，机构应灵活，接地或接零应良好，接触器运行环境应无有害因素。

2）触点应接触良好、紧密，不得过热；主触点和辅助触点不得有变形和烧伤痕迹；触点应有足够的压力和开距；主触点同时性应良好；灭弧罩不得松动、缺损。

3）声音不得过大；铁芯应吸合良好；短路环不应脱落或损坏；铁芯固定螺栓不得松动；吸引线圈不得过热；绝缘电阻必须合格。

▌6.5.4 主令电器

在电气控制系统中，主令电器是一种专门发出指令、直接或通过电磁式电器间接作用于控制电路的电器，常用来控制电力拖动系统中电动机的起动、停车、调速及制动等。

常用的主令电器有按钮、行程开关、组合开关等。

1. 按钮开关（SB）

按钮开关是一种手动控制电器，通常用于发出操作信号，接通或断开电流较小的控制电路，以控制电流较大的电动机或其他电气设备的运行。常见的按钮开关如图 6.32 所示。

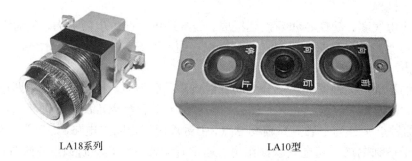

LA18系列   LA10型

图 6.32　常见的按钮开关

动合和动断触点在按钮被按动和松开的过程中可以实现状态转换。按钮开关的结构及图形、文字符号如图 6.33 所示。

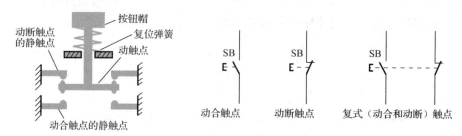

图 6.33　按钮开关的结构及图形符号与文字符号

2. 行程开关

行程开关利用机械运动部件的碰撞而动作。它也是用来分断或接通控制电路的，常用于检测运动机械的位置，控制运动部件的运动方向、行程（移动路程）长短及限位（限制机件不超出某个位置）保护。常见的行程开关如图 6.34 所示。

直动式和滚轮旋转式行程开关的内部结构如图 6.35 所示，可以看出，行程开关其实就是一个传动机构特殊的按钮开关。

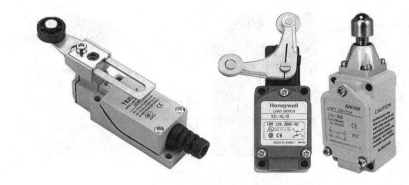

图 6.34　行程开关

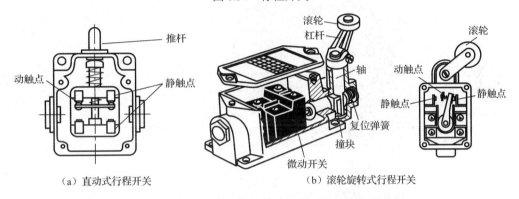

（a）直动式行程开关　　　　　（b）滚轮旋转式行程开关

图 6.35　直动式和滚轮旋转式行程开关的内部结构

行程开关也有动合触点、动断触点和复式触点，其图形、文字符号如图 6.36 所示。

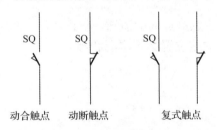

动合触点　　　动断触点　　　复式触点

图 6.36　行程开关的图形符号与文字符号

3．组合开关

组合开关又称为转换开关，实质上是一种特殊的刀开关，组合开关的操作手柄则是在平行于其安装面的平面内向左或向右转动。它具有多触点、多位置、体积小、性能可靠、操作方便、安装灵活等特点，多用在机床电气控制电路中作为电源的引入开关，也可用于不频繁地接通和断开电路，换接电源和负载，以及控制 5kW 及以下的小容量异步电动机的正反转和 $\curlyvee - \triangle$ 起动。

组合开关的外形及内部结构分别如图 6.37 和图 6.38 所示。

组合开关的图形符号与文字符号如图 6.39 所示。

图 6.37　组合开关的外形

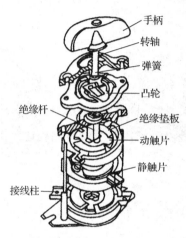

手柄
转轴
弹簧
凸轮
绝缘杆
绝缘垫板
动触片
静触片
接线柱

图 6.38　组合开关的内部结构　　　　图 6.39　组合开关的图形符号与文字符号

　　在使用上述开关时，应注意触点间的清洁，防止油污、杂质进入而导致接触不良或短路等故障。使用行程开关时其安装位置必须牢固和准确。

6.5.5　继电器

1. 热继电器

当三相电动机中的某相出现了断相、电流不平衡、电流过大等故障，而没有达到熔断器的熔断电流，这时需要一个器件来切断供电，保护负载设备，通常我们用热继电器来完成这个任务。

　　电动机发生异常故障，导致某相供电电流增大，如果超出热继电器设定的电流值的 20%，最终使动合/动断触点发生转换，即原来的动断触点断开，原来的动合触点闭合。转换后的动合/动断触点再去控制保护电路做出相应的动作。

　　常见热继电器的外形如图 6.40 所示，结构如图 6.41 所示。热继电器的图形符号与文字符号如图 6.42 所示。

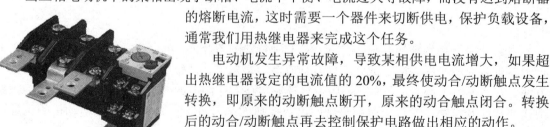

图 6.40　常见热继电器的外形

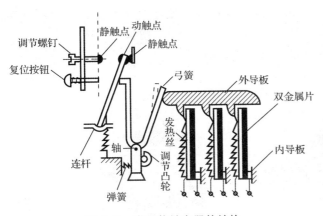

图 6.41 常见热继电器的结构

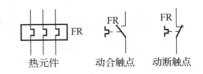

图 6.42 热继电器的图形符号与文字符号

2. 时间继电器

在电气自动化控制过程中，有的地方需要发出指令后延时接通或延时断开电路，具有延时执行开关通断功能的电器有时间继电器等。时间继电器是利用电磁原理和机械原理实现触点延时闭合或延时断开的自动控制电器。常用的交流时间继电器有空气式、电动式和电子式等几种。常见空气式时间继电器的外形及内部结构分别如图 6.43 和图 6.44 所示。

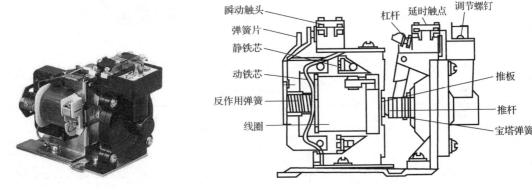

图 6.43 常见空气式时间继电器的外形

图 6.44 常见空气式时间继电器的内部结构

时间继电器可以分为通电延时型和断电延时型，它们的图形符号与文字符号如图 6.45 所示。

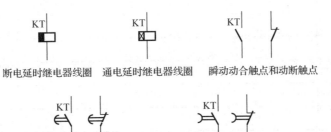

图 6.45 时间继电器的图形符号与文字符号

除以上讲到的电器元件外，还有中间继电器（KM）、电流继电器（KA）、电压继电器（KV）、速度继电器（KS）、断路器（QF）、接近开关（SP）、指示灯（HL）等。

巩固训练：常用低压电器的识读

图 6.46 中各电器元件的名称、型号规格是什么？请识别并填在表 6.2 中。

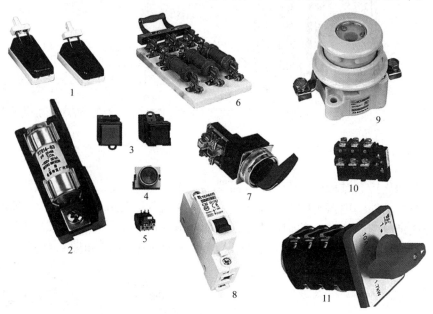

图 6.46　电器元件

表 6.2　电器元件识别记录表

序号	电器元件名称	型号规格	数量	备注
1				
2				
3				
4				
5				
6				
7				
8				
9				
10				
11				

思考与练习

一、填空题

1. 我国低压配电系统有三相三线制、_____和_____三种，其中城市家庭中供电采用的是_____。

2. 我国供电系统中，PE线是指_____，N线是指_____。

3. 电照明按发光的方法不同可分为电阻发光、_____、_____、_____和半导体发光五类。

4. 变压器二次绕组的输出功率等于_____，遵循能量守恒定律。降压变压器的一次侧输入电压_____（大于、小于）二次侧输出电压，但输入电压和输出电压的_____相同。

5. 按所使用的电源分类，电动机可以分为直流电动机和_____两大类。

6. 三相交流异步电动机主要由_____、_____、_____、罩壳、_____等构成。

7. 低压电器主要是指工作在直流_____伏、交流_____伏及以下的电器。

8. 交流接触器可以看成一组受线圈控制的_____。

9. 按钮开关又称为控制按钮，它是一种手动控制电器，通常用于发出_____，接通或断开电流较小的_____，以控制_____的电动机或其他电气设备的运行。

二、简答题

1. 常用的照明灯具有哪些？

2. 三相异步电动机的铭牌上一般有哪些信息？

3. 常用低压电器有哪些？它们的文字符号是什么？

三、作图题

1. 画出低压配电系统结构示意图。

2. 画出熔断器、电源开关、交流接触器、按钮开关、行程开关、组合开关、热继电器的图形符号。

三相交流异步电动机的基本控制

单元学习目标

知识目标 ☞

1. 了解三相交流异步电动机的直接起动控制、单向点动控制和连续控制电路的组成和工作原理。
2. 了解三相交流异步电动机正反转控制电路的组成和工作原理，知道各部分的作用。
3. 知道安装电工板的基本顺序和安装工艺基本原则。

能力目标 ☞

1. 完成教材"第五部分"的"实训项目5"。
2. 会点动控制与连续运行控制电路配电板的配线及安装。
3. 会接触器互锁正反转控制电路配电板的配线及安装。

起 动 控 制

在社会生产生活中，常用的动力设备是电动机，它能带动各种机械做多种运动。常用的电动机有多种，家庭中用的主要是单相电动机和直流电动机，而生产场所使用的大多是三相交流异步电动机。下面来研究怎样控制三相交流异步电动机。

在我们的日常生活中，电梯（图 7.1）可以做升降运动，那么电梯的上升和下降所依靠的电动机是怎么实现正转、反转、停止的呢？工厂里的机器在电动机的带动下可以实现一系列的运动，它们是怎样做到的呢？

图 7.1　电梯

在三相交流异步电动机的实际使用中，根据负载和供电情况，可以把这三个绕组连接成三角形（标记为△）或星形（标记为Y）。

三角形接法的工作状态为全压工作方式，星形接法的工作状态为降压工作方式。有时在电动机起动的时候用星形连接，在运行的时候用三角形连接，这就是著名的Y–△转换起动。

要怎样才能实现使一个三相交流异步电动机起动和停止呢？

7.1.1　三相交流异步电动机直接起动控制

小容量三相交流异步电动机，可采用电动机直接起动控制电路，如图 7.2 所示。

图 7.2 中刀开关 QS 作为电源开关，用于手动接通和分断电源供电。熔断器 FU 用于三相交流异步电动机的过载和短路保护，在三相交流异步电动机供电回路中不能被省略。当刀开关 QS 闭合时，这个电路的电流流向为：三相电源→刀开关 QS→熔断器 FU→三相异步电动机 M。

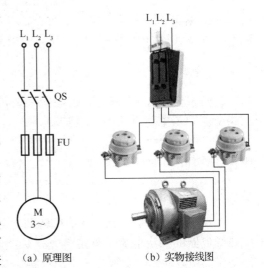

（a）原理图　　　（b）实物接线图

图 7.2　三相交流异步电动机直接起动控制电路原理图及实物接线图

7.1.2　三相交流异步电动机单向点动控制

对于大功率的三相交流异步电动机，起动和运行的电流都很大，不宜采用手动制动，而要利用间接控制的方式来实现电动机的频繁起动和停止，具体电路如图 7.3 所示。

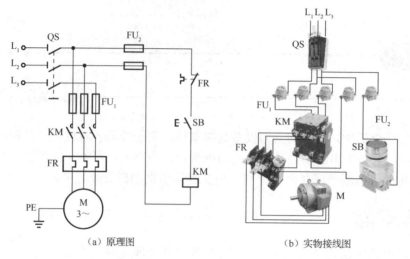

(a) 原理图   (b) 实物接线图

图 7.3　三相异步电动机点动控制电路原理图及实物接线图

本电路为间接控制电路，这类电路分为主电路和控制电路两部分。

电动机电流通过的路径称为主电路，也称为一次电路。图 7.3 中的刀开关 QS、熔断器 FU_1、交流接触器的三个主触点 KM、热继电器的热元件 FR 都属于主电路。

主电路以外的其他部分电路称为控制电路，也称为二次电路。图 7.3 中的熔断器 FU_2、按钮开关 SB、热继电器的动断触点 FR、交流接触器的线圈部分 KM 属于控制电路。

下面来分析这个电路的工作过程。

1. 起动

合上电源总开关 QS 后，按下按钮开关 SB→交流接触器 KM 的线圈得电→交流接触器 KM 的主触点受力吸合→三相交流异步电动机得电转动。

2. 停止

松开按钮开关 SB→交流接触器 KM 的线圈断电→交流接触器 KM 的主触点复位断开→三相交流异步电动机断电停止转动。

由上面的分析可以看出，这个电路为"点动"控制，其含义就是"点"（按）一下（按钮），电动机就"动"（转动）一下，不"点"就不"动"。

3. 过载保护

当按下按钮开关 SB，电动机转动，此时如果电动机因某种原因导致主电路中的电流超过热继电器的额定电流（整定值）→热继电器 FR 内部的热元件发热严重→热继电器 FR 内部动作，使其动断触点断开→交流接触器 KM 线圈断电→三相交流异步电动机断电停止转动。

■7.1.3　三相交流异步电动机连续控制

三相交流异步电动机点动控制电路主要用于设备的快速移动和校正装置。如果需要让电动机连续工作，则选用连续控制电路。

三相交流异步电动机连续控制电路具有让电动机起动、保持、停止的功能，所以这个控制电路也称为起—保—停电路，具体的电路如图 7.4 所示。

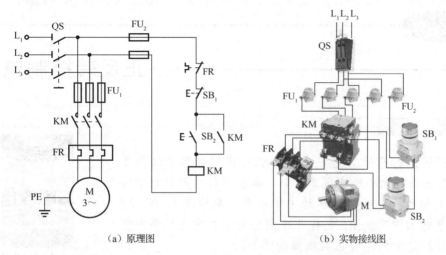

（a）原理图 （b）实物接线图

图 7.4 三相交流异步电动机连续控制电路原理图及实物接线图

在本电路中，按钮开关 SB_1 作为整个电路的停止按钮，按钮开关 SB_2 和交流接触器 KM 的动合触点并联，从而实现自锁功能。热继电器 FR 作为电动机的过载保护。下面分析这个电路的工作过程。

1. 起动

合上电源总开关 QS 后，按下起动按钮开关 SB_2 →交流接触器 KM 线圈得电→

$$\left\{ \begin{array}{c} \text{KM 动合触点闭合形成自锁} \\ \hline \text{KM 的三个触点闭合} \end{array} \right\}$$→三相交流异步电动机得电起动并连续转动。

松开起动按钮开关 SB_2 →由于 KM 动合触点闭合形成自锁→交流接触器 KM 线圈仍然得电→KM 的主触点仍然闭合→三相电动机 M 持续得电转动。

2. 停止

在三相交流异步电动机正常转动时：按下停止按钮开关 SB_1 →交流接触器 KM 线圈断

电→$$\left\{ \begin{array}{c} \text{KM 动合触点断开后解除自锁} \\ \hline \text{KM 的三个主触点断开} \end{array} \right\}$$→三相交流异步电动机失电后停止转动。

3. 过载保护

同 7.1.2 节"三相交流异步电动机单向点动控制"中的"3. 过载保护"。

4. 欠电压/失电压保护

在三相交流异步电动机正常转动时：若三相电源电压降低或断电→交流接触器 KM 的线

圈得不到额定的电压→$$\left\{ \begin{array}{c} \text{KM 主触点断开} \\ \hline \text{KM 的动合触点断开，解除自锁} \end{array} \right\}$$→三相交流异步电动机失电停

止→若三相供电恢复正常→三相交流异步电动机仍失电停止，防止了断电或失电压后对电动

机的影响（如电压不稳造成电动机工作异常）。

7.2 正反转控制电路

前面讲到的三相交流异步电动机的控制电路虽然简单实用，但在功能上不能实现正反转，而在实际生产过程中往往需要大量的机件做往返运动（如吊车、电梯等）。图 7.5 所示是电梯工作实景图。电梯升降便是电动机的正反换向实例。电动机是如何实现正反换向的呢？

图 7.5 电梯工作实景图

要使机件实现正反两个方向运动，除用机械换向的方法外，还可以直接让三相交流异步电动机做正向和反向转动。

▌7.2.1 正反转控制电路的组成

实现三相交流异步电动机的正反转，只需要交换电动机的任意两相供电即可。在实际操作中往往用两个交流接触器来改变三相交流异步电动机的三相供电相序。当电动机正转时，让一个接触器给电动机供电；当电动机反转时，让另一个接触器给电动机供电。两个接触器的主触点接线正好对调了两根相线的相序。当然，为了防止短路，控制电路还要设置成同一个时刻只能让一个交流接触器工作的模式（即联锁）。常用的三相交流异步电动机正反转控制电路如图 7.6 所示。

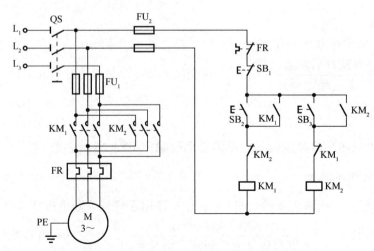

图 7.6 三相交流异步电动机正反转控制电路

在图 7.6 中，我们能比较清晰地识别出电路的主电路和控制电路，具体归类如表 7.1 所示。

表 7.1　正反转控制电路主电路和控制电路的组成

主电路组成	刀开关 QS、熔断器 FU_1、接触器 KM_1 的主触点、接触器 KM_2 的主触点、热继电器 FR 的主触点、电动机 M
控制电路组成	熔断器 FU_2、热继电器 FR 的动断触点、按钮开关 SB_1 的动断触点、按钮开关 SB_2 的动合触点、按钮开关 SB_3 的动合触点、交流接触器 KM_1 的动合/动断触点、交流接触器 KM_2 的动合/动断触点、交流接触器 KM_1 的线圈、交流接触器 KM_2 的线圈

7.2.2　正反转控制电路的工作原理

根据电路设计，电动机正反转控制电路具有正转、反转、保持、停止、过载保护、短路保护和欠电压保护等功能，下面具体分析它的各个功能。

1. 正转控制

合上电源总开关 QS 后，按下正转按钮开关 SB_2 →接触器 KM_1 线圈得电→

$$\left\{\begin{array}{l} KM_1\text{主触点闭合} \\ \hline KM_1\text{动合触点闭合，形成自锁} \\ \hline KM_1\text{动断触点断开，对}KM_2\text{线圈形成联锁} \end{array}\right\}$$ →电动机 M 得电正转。松开正转按钮开关

SB_2 → KM_1 动合触点闭合，形成自锁→交流接触器 KM_1 线圈仍然得电→ KM_1 的主触点仍然闭合→三相交流异步电动机 M 持续得电正转。

2. 停止控制

当电动机已经正转之后，如果要让电动机反转，则必须先让电动机停止。

按下停止按钮开关 SB_1 →交流接触器 KM_1 线圈断电→

$$\left\{\begin{array}{l} KM_1\text{主触点断开} \\ \hline KM_1\text{动合触点断开，解除自锁} \\ \hline KM_1\text{动断触点复位，为反转做好准备} \end{array}\right\}$$ →电动机 M 失电停止转动。

3. 反转控制

反转控制之前，必须先使电动机 M 处于停止状态。

按下反转按钮开关 SB_3 →交流接触器 KM_2 线圈得电→

$$\left\{\begin{array}{l} KM_2\text{主触点闭合} \\ \hline KM_2\text{动合触点闭合，形成自锁} \\ \hline KM_2\text{动断触点断开，}KM_1\text{对线圈形成联锁} \end{array}\right\}$$ →电动机 M 得电反转。

松开反转按钮开关 SB_3 → KM_2 动合触点闭合，形成自锁→交流接触器 KM_2 线圈仍然得电→ KM_2 的主触点仍然闭合→三相交流异步电动机 M 持续得电反转。

*7.3

普通车床控制电路

普通车床的电气控制仍然采用各种低压电器的组合，其结构相对简单，性能稳定。下面以 CA6140 型车床（图 7.7）为例来介绍普通车床的控制电路。

CA6140 型车床由车床床身、挂轮箱、主轴箱、进给箱、光杠、丝杠、溜板箱、刀架、床身、尾架和操纵杠等部分组成。

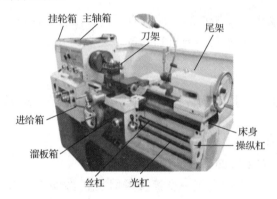

图 7.7　CA6140 型车床的外形

7.3.1　车床电气控制电路的组成

CA6140 型车床的电气控制电路可以分为主电路、控制电路、照明电路，其电路原理图如图 7.8 所示，电器元件明细如表 7.2 所示。

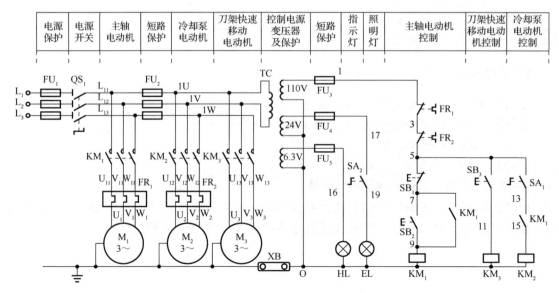

图 7.8　CA6140 型车床的电气控制电路原理图

表 7.2　CA6140 型车床电器元件明细

序号	元件符号	元件名称	规格型号	数量	作用及用途
1	QS_1	刀开关	LW5D-16/3，500V，16A	1	电源开关
2	FU_1	熔断器	RT14-32	3	电源短路保护
3	FU_2	熔断器	RT14-32	3	刀架快速移动电动机及冷却泵电动机短路保护
4	FU_3	熔断器	RT14-32	1	控制回路短路保护
5	FU_4	熔断器	RT14-32	1	照明电路短路保护
6	FU_5	熔断器	RT14-32	1	信号灯电路短路保护
7	TC	变压器	JBK3-63VA	1	控制电路、照明电路及信号灯电路电源
8	KM_1	交流接触器	LC1-D1210，110V	1	主轴电动机控制
9	KM_2	交流接触器	LC1-D1210，110V	1	冷却泵电动机控制
10	KM_3	交流接触器	LC1-D1210，110V	1	刀架快速移动电动机控制
11	FR_1	热继电器	JR36-20	1	主轴电动机过载保护
12	FR_2	热继电器	JR36-20	1	冷却泵电动机过载保护
13	SB_1	按钮开关	LAY39	1	主轴停止
14	SB_2	按钮开关	LAY39	1	主轴起动
15	SB_3	按钮开关	LAY39	1	刀架快速移动点动
16	HL	信号灯	LAY7-Y090-XD AC6.3	1	电源指示
17	EL	照明灯	AC 24V	1	机床照明
18	SA_1	旋钮开关	LAY7-Y090-11X/21	1	冷却泵开关
19	SA_2	旋钮开关	LAY7-Y090-11X/21	1	照明开关
20	M_1	电动机	JW6314，7.5kW，380V	1	主轴电动机
21	M_2	电动机	150FZY4-D，380V，50Hz，250W	1	冷却泵电动机
22	M_3	电动机	150FZY4-D，380V，50Hz，90W	1	刀架快速移动电动机

由表 7.2，我们能很清晰地知道电路的组成及各部分的功能，大家可以列表写出各部分包含的电器元件，在此不再赘述。

7.3.2　CA6140 型车床的工作原理

1. 主电路分析

电源经过熔断器 FU_1 后，由电源总开关 QS_1 进入。打开电源总开关 QS_1，机床接通电源，电源指示灯 HL 亮。

主轴电动机 M_1 的运转由交流接触器 KM_1 的主触点的接通或断开来控制。主轴电动机 M_1 的容量不大，所以采用直接起动。

冷却泵电动机 M_2 的运转和停止由交流接触器 KM_2 的主触点的接通或断开来控制。

刀架快速移动电动机 M_3 的运转和停止由交流接触器 KM_3 的主触点的接通或断开来控制。

主轴电动机设有热继电器 FR_1 作过载保护。冷却泵电动机、刀架快速移动电动机容量小，

用熔断器 FU_2 作短路保护。M_2 又加有热继电器 FR_2 作过载保护。M_3 因间歇短时运行，所以不加热继电器进行过载保护。为了防止电动机外壳带电，发生人身事故，电动机外壳均与地线连接。

2. 控制电路分析

控制电路采用 110V 交流电压供电，由熔断器 FU_3 作短路保护。

（1）起动/停止主轴电动机 M_1 的方法

按下起动按钮开关 SB_2 → KM_1 线圈得电 → KM_1 的主触点闭合，同时 KM_1 动合触点自锁 → 电动机 M_1 得电转动。

按下停止按钮开关 SB_1 → KM_1 线圈失电 → KM_1 的主触点断开，同时 KM_1 动合触点解除自锁 → 电动机 M_1 断电停止。

（2）起动/停止冷却泵电动机 M_2 的方法

在主轴电动机 M_1 运转的情况下，将旋钮开关 SA_1 置于"开"位置，冷却泵电动机 M_2 起动运转，带动冷却液供给加工使用。当主轴电动机 M_1 停止运转时，冷却泵电动机 M_2 也停止运转，这种控制称为"联锁"。

若不需要冷却液，可将旋钮开关 SA_1 置于"关"位置使其断开，此时 KM_2 线圈断电释放，导致 M_2 电动机停止运转。

（3）起动/停止刀架快速移动电动机 M_3 的方法

按下起动按钮开关 SB_3 → KM_3 线圈得电 → KM_3 的主触点闭合 → 电动机 M_3 得电转动。

松开起动按钮开关 SB_3 → KM_3 线圈失电 → KM_3 的主触点断开 → 电动机 M_3 失电停止。

（4）保护电路

保护电路由 FR_1 和 FR_2 组成，它们的工作原理比较简单，大家可以自己分析。

3. 照明电路

照明电路采用 24V 交流电压供电。照明电路由旋钮开关 SA_2 接 24V 低压灯泡 EL 组成，通过 SA_2 直接控制照明灯的亮灭。

4. 指示电路

指示电路采用 6V 交流电压供电。指示灯泡 HL 接低压 6V，熔断器 FU_5 是指示灯电路的短路保护器件。只要合上 QS_1，HL 灯就亮。

思考与练习

一、填空题

1. 三相交流异步电动机直接起动控制电路由 _____、_____、_____组成。
2. 三相交流异步电动机点动控制就是点按一下_____，电动机就_____。
3. _____称为主电路，_____称为控制电路。

4. 三相交流异步电动机控制电路的过载保护一般由_____担任。

5. 在自锁电路中，当按钮开关由按下到松开后，对应的交流接触器的线圈仍然

_____。

6. 三相交流异步电动机的正反转控制原理是_____。

7. 联锁就是_____。

8. CA6140 型车床的电气控制电路由_____、_____、_____组成。

二、简答题

三相交流异步电动机正反转控制电路具有哪些功能？

第三部分

模拟电子技术

单元 *8*

电子仪器、仪表的使用与焊接技术

单元学习目标

知识目标 ☞

1. 了解电子实训室的规章制度。
2. 了解电子实训室的配置。
3. 了解电子实训室电源、仪表、控制开关的种类和位置等。
4. 了解焊接工具与材料。

能力目标 ☞

1. 初步掌握基本的焊接要领。
2. 了解低压电源、信号发生器、示波器和毫伏表等常用电子仪器、仪表的基本使用方法。

—常用电子仪器、仪表的基本使用方法—

各种电子仪器、仪表用于对电气设备或电路的各种物理量的测量，以便了解和掌握电气设备的特性和运行情况，检查电气元器件的质量情况。由此可见，正确掌握电子仪器、仪表的使用是十分必要的。

下面主要介绍常用的电子仪器、仪表，如低压电源、示波器、信号发生器、交流毫伏表的基本使用方法。

■ 8.1.1 低压电源

低压电源主要作为低压交流、直流电源和稳压电源使用。图 8.1 所示为 J1201-2 型低压电源。它可以输出 2～24V 交流电压，最大可达 6A 交流电流，并有过载指示；还可输出 6V、9V、12V 三挡的直流稳压电压，最大可达 1A 直流电流。

图 8.1 J1201-2 型低压电源

■ 8.1.2 示波器的使用方法

示波器（图 8.2）是一种多功能的电信号测试仪器，可以观测信号的波形，测量信号的幅度、相位、频率等。实训室常用的示波器为双踪示波器，可以同时测量两路信号。虽然双踪示波器的型号、品种繁多，但是其功能大同小异，操作也基本类同。示波器的基本使用方法如下。

图 8.2 GOS-620 型示波器前面板

1）开启电源，指示灯亮，等待 1～2min，调节亮度、聚焦旋钮，使示波器的扫描基线亮度适当，光线清晰。

2）调节 X、Y 位移旋钮，使扫描基线移动到显示屏中间。若找不到扫描基线，可先将输入信号接地。

3）将 CH1、CH2 的衰减旋钮 V/DIV 调到最大（一般示波器为 10V/DIV，表示垂直每格为 10V 电压幅度），这样在寻找所测试的波形时较为容易。

4）触发开关选择，如使用 CH1 通道则选内触发 CH1，如使用 CH2 通道则选内触发 CH2。

读一读

5）触发方式选择，通常情况选择"自动"，这样可以确保在没有输入信号时也能看到扫描基线。

示波器的校正

6）将所需测量的波形通过示波器的探头连接到 CH1 或 CH2 的通道输入端。探头有 10∶1 和 1∶1 两种，若使用 10∶1 探头，在读取电压幅度时需扩大 10 倍。

7）放开 CH1、CH2 信号输入的接地，选择 AC 挡（所测信号如有直流分量将被隔离）。

8）调节 V/DIV、T/DIV 旋钮，使波形的幅度适当。一般 2～3 格为适当，波形的个数为 3 个左右为适当。

9）旋转触发同步旋钮，将所测波形稳定在显示屏上。

10）根据 V/DIV、T/DIV 旋钮的具体数字换算出波形的幅度数值和周期时间。

8.1.3　低频信号发生器的使用方法

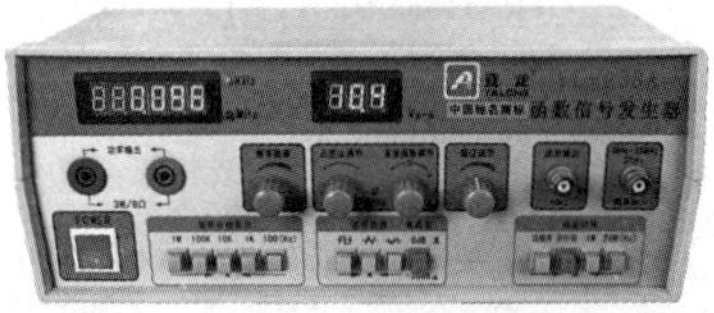

图 8.3　YL-238 型函数信号发生器面板

我们在单元 4 中已经接触了如图 8.3 所示的低频信号发生器（YL-238 型函数信号发生器），其具体使用方法介绍如下。

1）将电源开关"POWER"置于断开状态，"直流偏移调节"旋钮置于"0"位，"占空比调节"旋钮逆时针旋到底，"幅度调节"旋钮逆时针旋到底，"功能切换"的各按钮处于弹起位置。正确连接电源连接线和测试探头（插接在波形输出插孔），开启电源开关。

2）在"频率分挡开关"中选择所需挡位，并观察面板左上角所显示的频率及单位（kHz 或 MHz），微调频率至所需的频率，使电子屏上显示 1.5Hz、50Hz、465Hz、1650Hz 和 465kHz。

3）旋转"幅度调节"旋钮，并观察面板中间电子屏所显示的信号幅度（显示峰值）。若幅度过大，按下"衰减器"旋钮，观察其幅度的变化情况。

4）需要输出脉冲波时，旋转"占空比调节"旋钮，调节占空比可获得稳定、清晰的波形。

5）需要直流电平时，旋转"直流偏移调节"旋钮，调节直流电平偏移至需要设置的电平值，其他状态时按下"直流偏移调节"旋钮，直流电平将为零。

6）按下"测外频"按钮，再按下"1MHz"或"20MHz"按钮，即可测量外界输入信号的频率。

8.1.4　交流毫伏表的使用方法

交流毫伏表用于测量交流电压的有效值，其特点是测量范围大、精度高。图 8.4 所示为 YB2172F 智能数字交流毫伏表面板。

YB2172F 智能数字交流毫伏表可以测试多种波形电压的有效值，测量的频率范围为 10Hz～2MHz，电压范围为 100μV～300V，电压值在左边显示屏显示，电压增益在右边显示屏显示。

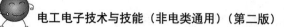
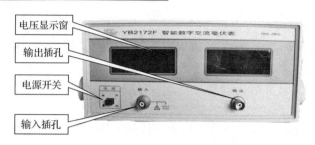

图 8.4 YB2172F 智能数字交流毫伏表面板

具体操作方法如下。

1）将操作面板上的"电源开关"按钮置于断开状态，将测试探头插接在输入插孔。

2）将输入测试探头上的红、黑鳄鱼夹与被测电路并联（红鳄鱼夹接被测电路的高电位端，黑鳄鱼夹接地端）。

3）将信号发生器的"波形输出"插孔所连接的测试探头与毫伏表的测试探头相连接，红色鳄鱼夹连接红色鳄鱼夹，黑色鳄鱼夹连接黑色鳄鱼夹。

4）调节信号发生器面板上的幅度旋钮，使其幅度最小，接通 220V 电源，电源指示灯亮，仪器开始工作。

5）调节信号发生器，使毫伏表面板上显示所测电压值，再准确读数。

使用前面所选择低压电源的输出种类和输出电压大小，连接低压电源输出引线，打开电源开关即可。

▌8.1.5 电子实训室的操作规程

电子实训室的规章制度、操作规程及安全用电规程是保证电子实训室正常合理使用的前提条件。电子实训室的规章制度、操作规程及安全用电规程如下。

电子实训室的规章制度、操作规程及安全用电规程

1. 未经管理人员同意不得擅自进入实训室。

2. 在实训室内不准追赶、打闹，不得在室内乱涂、乱丢、乱吐，不得大声喧哗、打闹，发生触电事故要及时切断电源，科学抢救。

3. 学生在实验中，要认真做好实验数据记录，中途不得无故离开；若有特殊情况，应向指导教师说明后才可离开。

4. 焊接时应打开门窗，保持通风，使用电烙铁应注意不要损坏公物和灼伤他人。

5. 爱护公物，节约使用实训材料。未经管理人员允许，实验室内的仪器、仪表、工具不准随意挪动位置，不准私自拿出本实训室。

6. 有问题可向指导教师举手示意。不得随意私自更改实验内容。不听指挥或违规操作而损坏设备者，负赔偿责任。

7. 实训结束后，清点器材并归还原处，摆放整齐，若有丢失或损坏，应及时向指导教师说明。学生应做好仪器设备、连接线的归位工作。

8. 实训结束后，搞好卫生，切断电源，关好门窗。指导教师要按要求填写相关的教学管理表格。

焊　接

焊接是安装、维修电子产品的基本技能之一，我们可以在电子实训室进行这项技能的训练。

8.2.1　焊接工具

1. 电烙铁

电烙铁是焊接最常用的工具，其种类很多，常见电烙铁的外形及结构如图 8.5 所示。

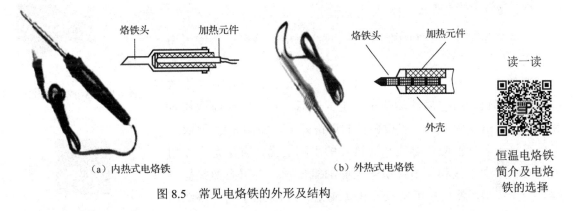

（a）内热式电烙铁　　　　　　　　　　　　　　（b）外热式电烙铁

读一读

恒温电烙铁简介及电烙铁的选择

图 8.5　常见电烙铁的外形及结构

2. 吸锡器

吸锡器在焊接中用来吸取焊点中的焊锡，其外形及内部结构如图 8.6 所示。

图 8.6　吸锡器

8.2.2　焊接材料

焊料：常用的焊料为铅锡合金，其熔点由铅锡合金比例决定，约为 180℃；形状有锭状和丝状两种，丝状焊料（即焊锡丝）通常在中心包含着松香，如图 8.7 所示，在焊接中使用较为方便。焊锡丝的直径规格有 0.5mm、0.8mm、1mm、1.2mm、2.5mm、3mm、4mm、5mm 等多种。电子线路焊接所用的焊料一般采用直径为 1mm、含锡量为 61% 的松香芯焊锡丝，其特点是熔点低、流动性能好、机械强度高。

助焊剂：可以在焊接过程中熔化金属表面的氧化物，使焊料能尽快浸润到焊件金属体上，以达到助焊的功能。助焊剂的种类很多，通常电子线路焊接以松香（图 8.8）作为助焊剂。

图 8.7　焊锡丝

图 8.8　松香

松香在常温下为固体，加热到 70℃时熔化，就能去除金属表面的氧化物，并能增加焊料的流动性。市售松香为淡黄色不规则块状物。

■8.2.3　焊接操作

1.　焊接前的准备

焊接小型电子设备和印制电路板时，电烙铁的握法一般采用笔握式，如图 8.9 所示。

图 8.9　电烙铁的握法

新的电烙铁应先清洁烙铁头并上锡，方法是：在铁砂布上放些松香和焊料，待电烙铁加热至一定温度后，将烙铁头蘸取松香和焊料，使烙铁头上有一层银白色的焊锡即可，如图 8.10 所示。

焊接元器件前应对导线和元器件的引脚上锡，方法是：先用细砂布去除裸导线和元器件引脚表面的氧化物，并用布擦去裸导线表面的灰尘，然后左手拿裸导线（或元器件），右手将烙铁头压在裸导线（或元器件引脚）和松香及焊锡上，如图 8.11 所示，待松香熔化后左手拉动裸导线（或元件），使裸导线表面涂上一层薄而均匀的焊锡。

读一读

电烙铁的使用及焊接的
其他注意事项

（a）烙铁头蘸取松香

（b）烙铁头蘸取焊料

图 8.10　新电烙铁上锡

图 8.11　给元件的引脚上锡

2.　焊接操作

通常焊接操作分为以下五个步骤。

步骤一：将元器件插入印制电路板，把发热后的电烙铁放到焊接处，如图 8.12 所示。

步骤二：将焊锡丝放到要焊接处，如图 8.13 所示。

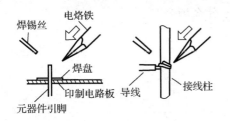

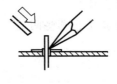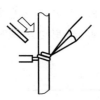

图 8.12　步骤一　　　　　　　　　　　　　图 8.13　步骤二

步骤三：使适量的焊锡丝熔化在焊接点上，如图 8.14 所示。

步骤四：移开焊锡丝，如图 8.15 所示。

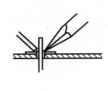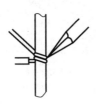　　　　

图 8.14　步骤三　　　　　　　　　　　　　图 8.15　步骤四

步骤五：移开电烙铁，如图 8.16 所示，焊接完毕。

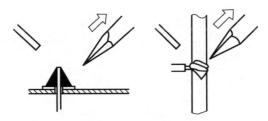

图 8.16　步骤五

焊接时应注意：防止因焊锡外溅而烫伤手臂和脸。上锡时，注意导线上锡层不要太厚或出现不均匀现象。控制好焊接的时间和温度，防止出现虚焊、烧焦或毛糙不平的现象。通常整个焊接过程时长为 2 ~ 4s。

思考与练习

简答题

1. 交流毫伏表的主要用途有哪些？
2. 交流毫伏表的读数技巧有哪些？
3. 交流毫伏表的使用注意事项有哪些？
4. 低频信号发生器的使用注意事项是什么？

5. 示波器的主要用途是什么？

6. 示波器的面板结构是怎样的？

7. 电烙铁有哪些类型？各有什么特点？适用于什么场合？

8. 新电烙铁怎样上锡？

9. 使用电烙铁时应注意哪些问题？

常用半导体器件及整流、滤波和稳压电路

单元学习目标

知识目标 ☞

1. 了解二极管和晶体管的结构、符号、特性及主要参数。
2. 理解二极管的单向导电性。
3. 理解二极管主要参数的物理意义。
4. 了解发光二极管等典型二极管的实际应用。
5. 了解整流的概念，理解桥式整流电路的工作原理。
6. 了解桥式整流电路在电子电器或设备中的应用。
7. 了解滤波电路的工作原理。

能力目标 ☞

1. 能识别硅稳压二极管、发光二极管等典型二极管。
2. 能用万用表判别二极管的极性和好坏。
3. 能识别二极管和晶体管的引脚，并合理使用。
4. 能用万用表判别晶体管的类型、引脚及好坏。
5. 能正确搭接桥式整流电路。
6. 会测量相关电量参数，能够使用双踪示波器观察整流电路的波形。
7. 能识读电容滤波、电感滤波、复式滤波电路图。
8. 能用示波器演示滤波电路的输出波形。

9.1 二　极　管

二极管是半导体二极管的简称，图 9.1 是一块用来控制楼梯灯的触摸开关电路板（局部），找一找，上面除了你认识的电阻器、电容器、电感器，有没有发现"新面孔"？哪个是二极管？

二极管是这样的啊！

图 9.1　触摸开关电路板（局部）

半导体器件包括二极管、晶体管、晶闸管和集成电路等。二极管是一个大家族，它们广泛应用于各种电子电路中，在现代电子产品中常用于整流、检波和开关、稳压等。了解二极管的外形、结构、符号、特性及其主要参数是非常必要的。

▊9.1.1　二极管的结构、符号、特性及主要参数

1. 二极管的外形

普通二极管一般为圆柱形，有两个电极，外壳封装有玻璃、塑料和金属等。常见的二极管如图 9.2 所示。

图 9.2　常见的二极管

2. 二极管的结构

要了解二极管的结构就要先了解半导体与 PN 结。

知识窗　半导体常识

1. 半导体

自然界的各种物质就其导电性能来说，可以分为导体、绝缘体和半导体三大类。导电性能介于导体和绝缘体之间的物质，称为半导体，它在电子设备中应用广泛，如硅、锗等。

2. 掺杂半导体

为提高半导体的导电性能，在纯净的半导体中掺入微量的有用杂质，即制成掺杂半导体，它有 P 型和 N 型两类。

3. PN 结

使用特殊工艺将 P 型半导体和 N 型半导体连在一起就形成 PN 结（图 9.3）。PN 结是各种半导体器件的核心，具有单向导电特性。P 区接电源正极，N 区接电源负极，则 PN 结导通；反之，PN 结截止。

图 9.3　PN 结示意图

在 PN 结上加接触电极、引线和封装管壳，就成了一个二极管。由 P 型半导体引出的电极称为正极（或阳极），由 N 型半导体引出的电极称为负极（或阴极），如图 9.4 所示。

3. 二极管的符号

二极管的图形符号与文字符号如图 9.5 所示，其中带箭头的一端称为正极（也称为阳极），竖线一端称为负极（也称为阴极）。二极管的文字符号为 VD 或 D。

图 9.4　PN 结的正负极　　　　　图 9.5　二极管的图形符号与文字符号

4. 二极管的单向导电性

电流只能从二极管的正极（阳极）流向负极（阴极），不能从负极流向正极，这就是二极管的单向导电性。

下面通过仿真实验来了解二极管的特性。

仿真实验　二级管的特性

用 EWB 搭接如图 9.6 所示的仿真实验电路。

1）根据图 9.6（a）搭接仿真实验电路，接通仿真电源，合上开关 S。观察实验现象，如图 9.7 所示。

实验现象与分析：电流表的读数为 775.9mA，小灯泡亮了，表明二极管呈现

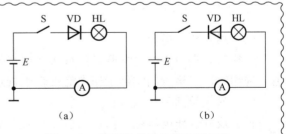

图 9.6　二极管的特性仿真实验电路

很低的阻抗，类似一个闭合的开关，此时电路导通。

实验结论： 二极管的正极接电源正极、负极接电源负极时，电路导通。

我们把二极管正极接电源正极、负极接电源负极称为二极管正偏，即二极管正偏导通。

2）按照图 9.6（b）搭接仿真实验电路。接通仿真电源，合上开关 S，观察实验现象，如图 9.8 所示。

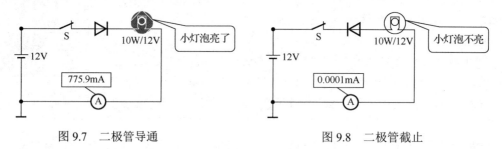

图 9.7　二极管导通　　　　　　　　　图 9.8　二极管截止

实验现象与分析：电流表的读数几乎为零，小灯泡不亮，表明二极管呈现极大的阻抗，类似一个断开的开关，此时电路截止。

实验结论： 二极管的正极接电源负极、负极接电源正极时，电路截止。

我们把二极管正极接电源负极、负极接电源正极称为二极管反偏，即二极管反偏截止。

根据上面的仿真实验我们探索出二极管具有这样的特性：

1）二极管正向偏置导通，反向偏置截止。

2）二极管具有单向导电性。

3）二极管具有开关特性。

特别提示： 二极管反向偏置时，如果反向偏置电压过高，二极管的反向偏置电流不再为零，而是急剧地增大，二极管失去单向导电性，这种现象称为反向击穿。

二极管常被用作整流管，把交流电变成直流电；还常常被用作开关管，控制电路的通断。

5. 二极管的主要参数

（1）最大整流电流 I_{FM}

二极管长期使用时允许通过的最大正向平均电流为最大整流电流，常被称为额定工作电流。应用时，二极管的实际工作电流要低于规定的最大整流电流。

（2）最大反向工作电压 U_{RM}

最大反向工作电压是为保证二极管不被击穿而规定的，常被称为额定工作电压。一般给出的最大反向工作电压约为击穿电压的一半，以确保二极管安全工作。

6. 二极管引脚的识别

二极管的外壳上一般有一个不同颜色的环，用来表示负极，如图9.9（a）所示；也有的二极管正、负极引脚形状不同，可以此区分它的正负极，一般带螺纹的一端为负极，另一端为正极，如图9.9（b）所示。

可以把图9.9（a）中的色环与二极管图形符号上的竖线形象地联系起来，这样就可以熟练、快速地判断二极管的两个引脚了。

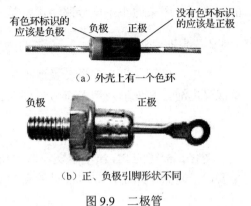

（a）外壳上有一个色环

（b）正、负极引脚形状不同

图 9.9　二极管

练一练

在图9.10上标出二极管引脚的正极和负极。

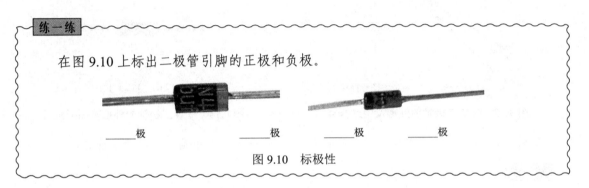

_____极　　　　_____极　　　　_____极　　　　_____极

图 9.10　标极性

9.1.2　常见二极管的种类和用途

二极管的大家族中有许多特殊的成员，它们活跃在电子电工的各个领域，了解它们的外形与特点是非常必要的。

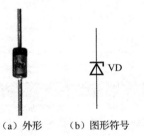

（a）外形　　（b）图形符号

图 9.11　稳压二极管的外形与图形符号

1. 稳压二极管

稳压二极管（简称稳压管）是一种特殊的二极管，其外形与图形符号如图9.11所示。它工作在反向击穿区，正常工作电流由阴极流向阳极，反向击穿后其相电压几乎不变。它能为电路提供某个稳定的电压，常用作稳压器或电压的基准元件。

2. 发光二极管

发光二极管（图9.12）有很多形状和尺码，也经常被误认为小灯泡，一般其长脚为正极，短脚为负极，引脚极性接反就不能发光。可用数字万用表来测试引脚极性。发光二极管有红、绿、黄、宝石蓝等颜色，常用作电器的各种指示灯；十字路口的交通信号灯大多用高亮度的红、绿、黄发光二极管做成；近几年出现的高亮度

（a）外形

（b）图形符号

图 9.12　发光二极管的外形及图形符号

的白光管，用来做小手电等照明用，是一种很有发展前途的电照明光源。

读一读

3. 光电二极管

光电二极管是将光信号转换成电信号的器件，可用于光的测量或制成光电池。其外形及图形符号如图 9.13 所示。

检波二极管及贴片二极管

4. 变容二极管

变容二极管的 PN 结电容随反向电压的改变而改变，在电路中能起到可变电容器的作用，主要用于高频电路中，如电视机的高频头中。其外形及图形符号如图 9.14 所示。

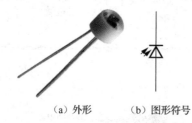

（a）外形　　（b）图形符号

图 9.13　光电二极管的外形及图形符号

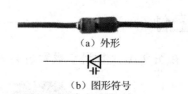

（a）外形

（b）图形符号

图 9.14　变容二极管的外形及图形符号

此外，还有用于数字电路的开关二极管、整流桥堆、红外线发射和接收管等。

试一试

你能从一堆电子元器件中正确、熟练地找出光电二极管、发光二极管、稳压二极管吗？在下面记下它们的型号、标注参数或颜色。

整流二极管：_____

发光二极管：_____

稳压二极管：_____

实践活动　用万用表检测二极管的极性和好坏

当二极管封装上的符号或极性不清楚时，可根据二极管的单向导电性来判别它的极性。方法是：用万用表 $R\times100$ 或 $R\times1k$ 挡，红、黑表笔同时搭接二极管的两引脚，记下万用表读数；然后对调表笔，重新测量。两次测量中，阻值小的一次，黑表笔所接的是二极管的正极，红表笔所接的是二极管的负极。

采用数字式万用表检测二极管，如图 9.15 所示。

使用数字式万用表时，先将数字式万用表的挡位置于二极管测试挡。图 9.15（a）所示万用表显示为超量程"1"，即二极管不导通。两个表笔对换后再测，结果如图 9.15（b）所示，显示二极管导通，此时与红表笔相接的为二极管的正极，与黑表笔相接的为二极管的负极，且导通时二极管上消耗 0.553V 的电压，即该二极管的导通管压降。两次测试结果表明，这个二极管性能正常。

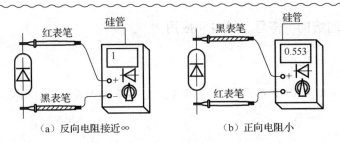

（a）反向电阻接近∞　　　　　（b）正向电阻小

图 9.15　采用数字式力用表检测二极管

　　如果万用表挡位设置正确，而两次测量显示的数值均很小，说明二极管内部短路；如果两次测量，万用表显示均为超量程"1"，则说明二极管内部开路。这两种情况都说明二极管已经损坏，不能再使用了。

　　马上动手！拿一个 1N4007 或者 1N4001 普通整流二极管，用数字式万用表测量它的性能好坏，在下面方框内把二极管画出来，并在框中记录测量结果。

_____极　_____极

导通管压降_____V

9.2　晶　体　管

　　晶体管是一般电子电路中最重要的器件。它主要的功能是放大作用和开关作用。晶体管顾名思义具有三个电极。图 9.16 所示是常见的大、中、小功率晶体管。

图 9.16　常见的大、中、小功率晶体管

　　90×× 系列晶体管是当前电子产品最常用的一种晶体管，有 9011～9018 各种型号，包括低频、高频、低噪声等各种小功率晶体管。它们的型号一般标在塑壳上，而外形都是 TO-92 标准封装。

9.2.1 晶体管的结构、符号、特性和应用

1. 晶体管的结构与符号

晶体管有 NPN 型和 PNP 型两种组合形式，文字符号为 VT，图形符号如图 9.17 所示。

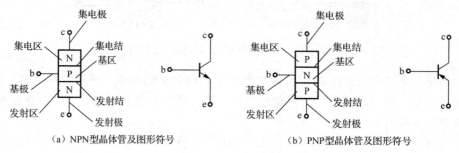

（a）NPN型晶体管及图形符号　　　　　　（b）PNP型晶体管及图形符号

图 9.17　晶体管的结构及图形符号

图 9.17 中两种符号的区别在于发射极箭头的方向不同，箭头的方向就是发射结正向偏置时电流的方向。

2. 晶体管的特性

我们先通过一个仿真实验了解晶体管的特性。

仿真实验 **晶体管的特性**

用 EWB 仿真软件搭接如图 9.18 所示的仿真实验电路。用直流电流表分别检测基极电流 I_B、集电极电流 I_C、发射极电流 I_E。

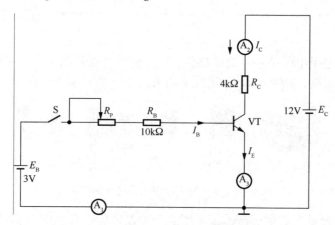

图 9.18　晶体管放大作用实验原理图

实验操作：

1）接通仿真电源，让开关 S 处于断开状态，如图 9.19 所示。观察几个电流表读数的特点，把电流表的读数填入表 9.1 中。

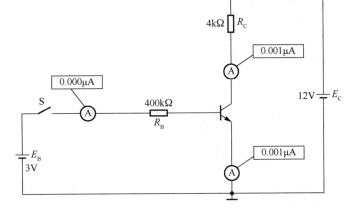

特别提示：仿真实验中电阻器的阻值可以根据需要随时修改，因此本实验的基极回路没有选用可变电阻器。

图9.19　晶体管放大作用仿真实验电路图

表9.1　晶体管放大作用仿真实验数据

R_B/kΩ	S 断开	400	200	100	90	80	2	1
I_B/mA		0.0056	0.011	0.022	0.025	0.027	1.09	2.17
I_C/mA		0.560	1.11	2.20	2.45	2.75	2.99	2.99
I_E/mA		0.565	1.12	2.22	2.47	2.77	4.08	5.16

2）合上开关 S，如表9.1中所示改变基极回路电阻器 R_B 的值，把新的实验数据填入表9.1中（为方便分析，表9.1中已填入该数）。

实验数据分析：我们从实验数据表9.1中发现以下规律。

1）发射极电流等于集电极电流与基极电流之和，即

$$I_E = I_B + I_C$$

2）当基极电流为零时，集电极与发射极电流也几乎为零。

我们把晶体管基极电流为零的状态称为晶体管的截止状态。工作在截止状态的晶体管类似于一个断开的开关。

3）当基极电流不太大时，基极电流的微小变化会引起集电极电流的较大变化。

我们把晶体管基极电流微小变化引起集电极电流较大变化的现象称为晶体管的电流放大作用。

集电极电流的变化量 ΔI_C 与基极电流的变化量 ΔI_B 的比值是一个常数。我们把集电极电流变化量 ΔI_C 与基极电流变化量 ΔI_B 的比值称为晶体管的电流放大系数，用符号 β 表示，即

$$\beta = \frac{\Delta I_C}{\Delta I_B}$$

4）当基极电流足够大时，集电极电流不受基极电流的控制而趋于一个恒定的值。

我们把晶体管集电极电流不受基极电流控制的状态称为晶体管的饱和状态。工作在饱和状态的晶体管类似一个闭合的开关。

由仿真实验可以看出，晶体管有如下特性：

1）晶体管具有电流放大的作用。

2）晶体管具有开关特性。

3. 晶体管的应用

在放大器中，晶体管工作在放大状态，常用来放大微弱的电信号。在数字电路中，晶体管工作在开关状态，用来控制电路的通断。晶体管还可以用作可变电阻器。

■ 9.2.2　晶体管的引脚识别和主要参数

1. 晶体管引脚的识别

晶体管具有三个引脚，分别称为发射极 e、基极 b、集电极 c。金属封装的晶体管引脚分布如图 9.20 所示。引脚的判断方法是：面对晶体管，以突起为起点，顺时针方向依次为发射极 e、基极 b、集电极 c。

塑料封装的晶体管，其三个引脚呈一字形排列，如图 9.21 所示。不同型号塑料封装的晶体管，其三个电极的排列也有所不同，不能直接识别，可根据型号查阅有关手册或用万用表测量。

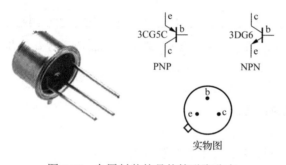

图 9.20　金属封装的晶体管引脚分布

图 9.21　塑料封装的晶体管

2. 晶体管的主要参数

（1）电流放大系数 β

电流放大系数 β 值越大，放大能力越好。一般希望 β 值大一些，但也不是越大越好。通常 β 值多选在 40～100 之间，但低噪声高 β 值的晶体管（如 9011～9015 等），β 值达 200 时温度稳定性仍较好。

读一读

贴片晶体管

（2）集电极最大允许电流 I_{CM}

当集电极电流过大时，晶体管的 β 值将下降，使用时一般 $I_C < I_{CM}$。如果 $I_C > I_{CM}$，晶体管放大性能变差；如果 $I_C \gg I_{CM}$，晶体管将因耗散功率增加而损坏。

（3）集射极反向击穿电压 $U_{(BR)CEO}$

在使用晶体管时，其集电极电压应低于集射极反向击穿电压值。

（4）集电极最大允许耗散功率 P_{CM}

晶体管工作时，若 $P_C < P_{CM}$，则晶体管因发热容易损坏。集电极最大允许耗散功率 P_{CM} 取决于晶体管允许的最高温度和散热条件。

■ 实践活动 用万用表检测晶体管的极性、质量好坏和 β 值

1. 用万用表检测晶体管的引脚

将万用表置于 $R \times 1k$ 或 $R \times 100$ 挡。

（1）判断管型和基极 b

当红表笔接某一引脚时，将黑表笔分别接另外两个引脚，测量两个电阻值。若两个电阻值均较小，则红表笔所接的引脚为 PNP 管的基极，如图 9.22 所示；若两个电阻值均较大，则红表笔所接的引脚为 NPN 管的基极。

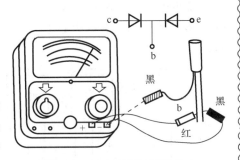

图 9.22 PNP 型两次读数较小

当黑表笔接某一引脚时，将红表笔分别接另外两个引脚，测量两个电阻值。若两个电阻值均较小，则黑表笔所接的引脚为 NPN 管的基极，如图 9.23 所示；若两个电阻值均较大，则黑表笔所接的引脚为 PNP 管的基极。

（2）判断发射极 e 和集电极 c

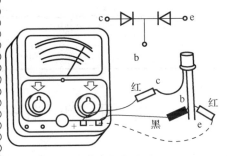

图 9.23 NPN 型两次读数较小

测量时假定发射极和集电极，接入人体电阻构成放大电路，如图 9.24 所示。指针偏转幅度大的一次的假定是正确的。

以上检测方法均是在晶体管质量正常的情况下进行的，晶体管一旦被损坏，检测结果将不满足以上规律。

2. 测量电流放大系数 β

电流放大系数 β 是晶体管的一个重要参数，它表示晶体管放大能力的好坏。DT890 数字式万用表有 h_{FE} 挡，如图 9.25 所示。按 90×× 系列

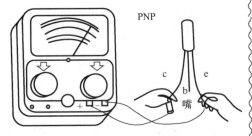

图 9.24 接入人体电阻构成放大电路

晶体管的管型和引脚排列，把晶体管三个引脚插入相应插孔，即可测得电流放大系数 β。图 9.26 中测得的 9014 晶体管的 $\beta = 372$。

图 9.25 DT890 数字式万用表的 h_{FE} 挡

图 9.26 实际测得的电流放大系数

若晶体管插孔正确，但 β 值很小或为零，表明晶体管已损坏，可用电阻挡分别测两个 PN 结，确认是否有击穿或开路。

动手试一试！用数字式万用表依次测量 9011、9012、9013、9014、9015、9016、9018 各晶体管的电流放大系数 β，对应标在图 9.27 上面。特别注意测试 9012 和 9015，争取一次成功！

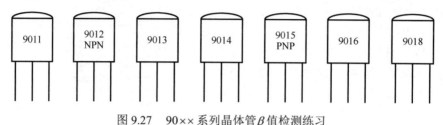

图 9.27　90×× 系列晶体管 β 值检测练习

9.3　整 流 电 路

实际使用中的电源多是交流电。交流电在生产、输送和使用方面具有很多优点，但是电子电路需要直流供电。这可怎么办呢？别着急！利用二极管的单向导电性，可以将交流电变为直流电，如图 9.28 所示。

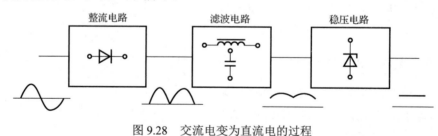

图 9.28　交流电变为直流电的过程

整流是利用二极管的单向导电性，将交流电变换为单方向的脉动直流电。吹风机、充电器、电视机等电子产品都需要用到整流电路。

将交流电变为直流电的电路，称为整流电路。整流电路有各种各样的类型，而在实际中应用最广的整流电路是桥式整流电路，它的输出电流大、波形好。目前，绝大多数电子产品采用桥式整流电路。下面主要介绍单相桥式整流电路。

1. 电路的组成

如图 9.29 所示，它由整流变压器 T、整流二极管 $VD_1 \sim VD_4$ 及负载电阻 R_L 组成。四个二极管组成桥式电路的四个臂，变压器二次线圈和接负载的输出端分别接在桥式电路的两个对角线顶点。

工程上常将单相桥式整流电路的画法简化，如图 9.30 所示。

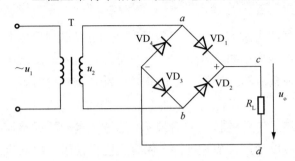

图 9.29 单相桥式整流电路

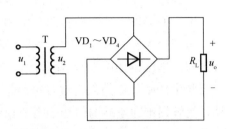

图 9.30 单相桥式整流电路的习惯简化画法

2. 整流原理

当 u_2 为正半周时，二极管 VD_1、VD_3 导通（VD_2、VD_4 截止），产生电流由 $a \rightarrow VD_1 \rightarrow c \rightarrow R_L \rightarrow d \rightarrow VD_3 \rightarrow b$ 形成通路，负载电阻上电流方向从上到下，其脉动电压极性为上正下负。

当 u_2 为负半周时，二极管 VD_2、VD_4 导通（VD_1、VD_3 截止），产生电流由 $b \rightarrow VD_2 \rightarrow c \rightarrow R_L \rightarrow d \rightarrow VD_4 \rightarrow a$ 形成通路，负载电阻上电流方向仍从上到下，其脉动电压极性仍为上正下负。

因此，在负载电阻上正、负半周经过合成，得到的是同一个方向的单向脉动电压。下一个周期到来，重复上述过程。波形如图 9.31 所示。

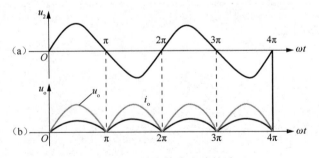

图 9.31 单相桥式整流电路的波形

单相桥式整流电路具有以下特点：

1）单相桥式整流电路有效地利用了交流电的负半周，提高了电源的利用率与输出电压值。

2）当为整流电路提供的交流电压的有效值为 U 时，则单相桥式整流电路输出直流电压的平均值 U_o 为

$$U_o \approx 0.9U$$

式中，U_o——单相桥式整流电路输出直流电压的平均值；

U——电源交流电压的有效值。

3）单相桥式整流电路二极管承受的反向电压为电源电压的峰值。

4）单相桥式整流电路中流过二极管的电流为负载电流的一半。

3. 单相桥式整流电路的应用

在实际应用中，单相桥式整流电路可以用四个独立的整流二极管实现，也可以用集成器件"桥堆"来实现。该组件有四个引脚，其中两个引脚上标有"～"符号，与输入的交流电连接；另两个引脚分别用"+""−"表示，是整流输出直流电压的正、负端。整流"桥堆"的外形和内部结构如图9.32所示。

日常生活中使用的低音炮音箱，有些采用了专业的桥式整流技术，通过内置的桥式整流电路，使低频带通电路的信号顺畅与稳定，可以使声音更加纯净。还有人们日常用到的吹风机、手机电池充电器、电视机内部的电源部分等都有整流电路，如图9.33所示。

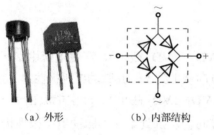

（a）外形　　　（b）内部结构

图9.32　整流"桥堆"的外形和内部结构

图9.33　单相桥式整流电路的应用

实践活动　单相桥式整流电路的装接、检测及波形观察

1. 单相桥式整流电路的装接

（1）准备元器件

变压器：220V/24V，1个。

二极管：1N4001，4个。

电阻器：4.7kΩ、0.25W，1个。

（2）元器件检测

参考9.1节中检测二极管的方法，用万用表电阻挡验证二极管的引脚极性，并对二极管的质量好坏进行判断。

（3）安装、连接元器件

按图9.29所示的电路原理图，进行电气线路的连接。在铆钉板（或万能板）上安装电路。其元器件的排布方式如图9.34所示。

从正面将各元器件插入电路板。先用四个单独的二极管作桥式整流，成功后再将它们换成桥堆。如果担心翻面焊接时元器件掉出来，可在插入元器件的同时，将引脚齐根处做15°以内的向外微量弯折，以保证焊接时元器件不往下掉。

（4）焊接剪脚与连线

翻转电路板，用五步施焊法焊接元器件各焊点。用斜口钳或剪刀在引脚距焊点约 1mm 处剪脚。

用已上好焊锡的裸铜丝，在反面各焊点之间对照连线图（或原理图）进行连线，要求导线插直贴底走线，方向水平或纵向；弯折处要为直角，尽量不要斜拉；外部与电路板的引线要先穿孔后在背面焊接，如图 9.35 所示。

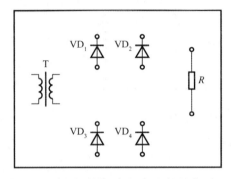

图 9.34　单相桥式整流电路的元器件排布方式

图 9.35　反面连线图

2. 电路的检测及波形观察

在装接完电路后，要养成通电前先检查的好习惯：先用直观检查法检查各焊点间有无搭锡短路点，检查四个二极管的极性是否正确。需要特别指出的是，当出现焊点之间短接时，会引起短路，可能会导致电路或仪器设备损坏，所以要特别谨慎，确认无误后再通电试机。

然后，用万用表测量交/直流各输入/输出电压及其波形，并将结果填入表 9.2 中。

表 9.2　单相桥式整流电路检测记录

检测点	万用表挡位	电压值/V	示波器观察波形记录	是否正常
整流输入端（ab 之间）				
整流输出端（cd 之间）				

滤 波 电 路

整流电路输出的是脉动直流电压，这种直流电仅能在电镀、电焊、蓄电池充电等要求不高的设备中使用。而很多电气设备要求直流电压与电流比较平滑，因此必须把脉动的直流电变为平滑的直流电，这一过程称为滤波。能完成滤波的电路称为滤波电路。

■9.4.1　电容器滤波电路

在整流电路的输出端并联一个电容器，就构成电容器滤波电路，如图 9.36 所示。

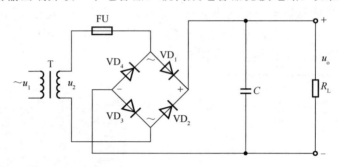

图 9.36　电容器滤波电路原理图

下面通过仿真实验来了解电容器滤波电路的特点。

仿真实验　观察桥式整流电路的输出波形 1

　　用 EWB 仿真软件搭接两个一模一样的整流电路，在其中一个整流电路的输出端并联一个电容量较大的电容器，用示波器的 A 通道检测加有电容器的整流电路输出端电压的波形，用 B 通道检测没有电容器的整流电路的输出端电压的波形。把 A 通道的颜色设置为红色，把 B 通道的颜色设置为黑色。分别用两个电压表检测两个整流电路输出端电压值，填入文本框中，如图 9.37 所示。

　　接通仿真电源，合上开关 S，观察示波器 A、B 通道电压波形的异同，观察两个电压表读数的差异。再改变 R_L、C 的值，观察示波器波形与电压表读数的变化情况。

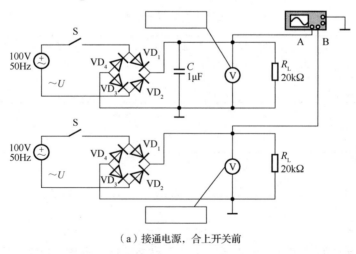

（a）接通电源，合上开关前

图 9.37　电容器滤波仿真实验电路

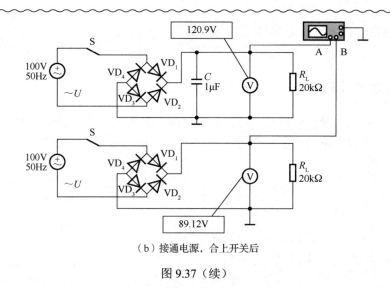

（b）接通电源，合上开关后

图 9.37（续）

实验现象：整流电路输出端没有并联电容器时，输出电压波形脉动很大，如图 9.38 所示 B 通道的波形。整流电路输出端并联电容器后，输出电压波形变平滑了，输出的端电压升高了，如图 9.38 所示 A 通道的波形。反复试验发现，负载电阻器的阻值越大、电容器的电容量越大，整流电路的输出电压波形越平滑，输出的电压值越高，如图 9.38（b）所示。

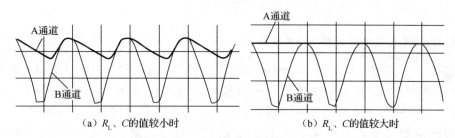

（a）R_L、C 的值较小时　　　　　　（b）R_L、C 的值较大时

图 9.38　电容器滤波电路波形图

实验现象分析：整流电路输出端未加电容器时，负载得到的是全波脉动电压，如图 9.38 中 B 通道的波形。整流电路输出端并联电容器 C 后，当二极管导通时，电容器 C 会储存一部分电能；当二极管截止时，电容器向负载放电。当 R_L、C 的值较小时，电容器充放电的速度比较快，输出的电压波形变化比较陡，如图 9.38（a）中 A 通道中的波形。当 R_L、C 的值很大时，电容器充放电的速度很慢，因此输出电压的波形非常平滑，近似为恒稳直流电，如图 9.38（b）中 A 通道中的波形。

实验结论：电容器滤波使整流电路的输出电压波形平滑了，使输出直流电压值提高了；电容器滤波电路中 R_L、C 的值越大，输出电压的波形越平滑，输出直流电压的值越高。

由仿真实验可以得出电容器滤波电路具有以下特点：

1）电容器滤波使整流电路的输出电压波形平滑了，使输出直流电压平均值提高了。

2）电容器滤波电路中 R_L、C 的值越大，输出电压的波形越平滑，输出直流电压的平均值越高。

3）当负载电流很大时，电容器滤波电路就没有什么效果了。

电容器滤波电路结构简单，适用于负载电流较小（负载电阻值很大）且变化不大的场合。

9.4.2 电感器滤波电路

在负载电流变化比较大的场合，可以利用电感器具有阻碍电流变化的特性，来使负载电流变得平滑。在整流电路与负载电阻器之间串联一个电感器 L 就构成了一个电感器滤波电路，如图 9.39 所示。

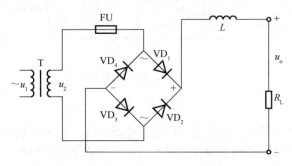

图 9.39　电感器滤波电路原理图

下面通过仿真实验了解电感器滤波电路的特点。

仿真实验 观察桥式整流电路的输出波形 2

　　用 EWB 仿真软件搭接两个一模一样的桥式整流电路，在其中一个电路的输出端串入一个电感器 L，如图 9.40 所示。用示波器的 A 通道检测串入了电感器的整流电路的输出端电压的波形，用 B 通道检测没有串入电感器的整流电路的输出端电压的波形。把 A 通道的颜色设置为红色，把 B 通道的颜色设置为黑色。分别用两个电压表检测两个整流电路输出端的电压值，填入图 9.40 中。

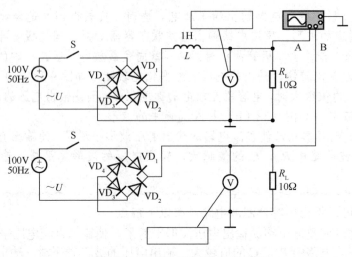

图 9.40　电感器滤波仿真实验电路

接通仿真电源，合上开关 S，观察示波器 A、B 通道电压波形的异同，观察两个电压表读数的差异。改变 R_L、L 的值，观察示波器波形与电压表读数的变化情况。

实验现象：整流电路输出端串联电感器后，输出电压波形变平滑了，如图 9.41 所示 A 通道的波形。反复试验发现，负载电阻器的阻值越小、电感器的电感量越大，整流电路输出的电压波形越平滑。当负载电阻器阻值很小时，电感器滤波电路输出的直流电压近似为恒稳直流电，如图 9.41（b）所示 A 通道的波形。通过实验还发现，电感器滤波对输出电压值的大小影响很小。

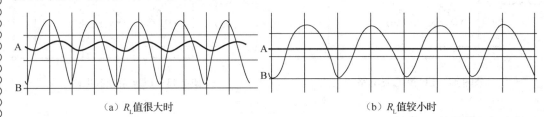

（a）R_L 值很大时　　　　　　　　　　（b）R_L 值较小时

图 9.41　电感器滤波电路波形图

实验现象分析：整流电路输出端串联电感器 L 后，由于电感器具有阻碍电流变化的特性，因此负载电阻器中流过的电流变化减小，电流波形会变得平滑，负载电流波形平滑后，负载电阻器端电压的波形也就跟着平滑了。电感器的电感量越大，电路中不断变化的脉动电流值越大，电感器对电流的阻碍作用越明显，电感器滤波电路所获得的电压、电流波形越平滑。当 R_L 的值很小（电流很大）时，输出电压的波形非常平滑，近似为恒稳直流电，如图 9.41（b）所示 A 通道的波形。

实验结论：电感器滤波使整流电路的输出电压波形平滑了；电感器滤波电路的电感量越大，负载电流越大，输出电压的波形越平滑。

由仿真实验可以得出电感器滤波电路具有以下特点：

1）电感器滤波电路使整流电路的输出电压波形平滑了；负载电流越大，电感器的电感量越大，输出电压的波形越平滑。

2）当负载电流很小时，电感器滤波就没有效果了。

电感器滤波电路适用于负载电流较大（负载电阻值很小）且变化大的场合。

9.4.3　复合滤波电路

负载是常常变化的，单一的滤波电路很难获得良好的滤波效果，而用电容器、电感器、电阻器组成的复式滤波电路的滤波效果就比较好。常用的复式滤波电路有 LC 型、LCπ 型、RCπ 型几种，它们的滤波效果比单一使用电容器或电感器滤波要好得多，其应用比较广泛。

1. LC 型滤波电路

LC 型滤波电路如图 9.42 所示，该电路输出电流大、负载能力较好、滤波效果好，但电感线圈体积大、价格高，常用于负载变动较大、负载电流较大的场合。

2. LCπ 型滤波电路

LCπ 型滤波电路如图 9.43 所示，该电路输出电压高、滤波效果好，但输出电流小、负载能力差，适用于负载电流较小、负载比较稳定的场合。

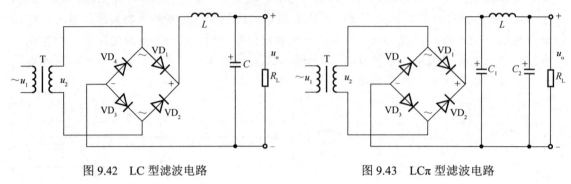

图 9.42　LC 型滤波电路　　　　　　　图 9.43　LCπ 型滤波电路

3. RCπ 型滤波电路

把 LCπ 型滤波电路中的电感器换成电阻器，就得到了 RCπ 型滤波电路，如图 9.44 所示。该电路结构简单、滤波效果好，能兼起降压、限流作用，但输出电流较小、负载能力差，适用于负载电流较小的场合。

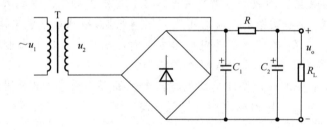

图 9.44　RCπ 型滤波电路

稳 压 电 路

　　整流滤波电路能给对电压波动要求不高的负载供电，它虽能输出较大电流，但在供电过程中输出电压波动幅度较大。这样的电压波动，对一些电压稳定性要求高的负载就不适用了。稳压电路能获得较高的电压稳定性，广泛适用于电视机、计算机等对电压稳定性要求高的设备的内部供电，应用十分广泛。

▌9.5.1　集成稳压电源

电子设备中常使用输出电压固定的集成稳压器。由于它只有输入、输出和公共引出端，故被称为三端稳压器，按引出端不同可分为三端固定式、三端可调式和多端可调式等。

1．固定输出的三端固定式稳压器

（1）正电压输出的三端固定式稳压器

三端固定式稳压器分为正电压输出和负电压输出两类。W7800
系列是正电压输出的三端固定式稳压器，外形如图 9.45 所示，三
个引脚分别为 1—输入端（IN）、2—输出端（OUT）、3—接地端
（GND）。其典型电路接法如图 9.46 所示，通常是在整流滤波电路
之后接上三端稳压器，输入电压接 1、3 引脚，2、3 引脚输出稳定
电压。电路中的 C_1 用于防止由于输入引线较长而带来的电感效应
产生的自励；C_2 用来减小由于负载电流瞬时变化而引起的高频干
扰；C_3 为容量较大的电解电容器，用来进一步减小输出脉动和低
频干扰。W7800 系列输出电压等级有 5V、6V、9V、12V、15V、
18V、24V 等，输出电压值由型号中"00"位的数值表示，如 CW7815
表明输出+15V 电压。

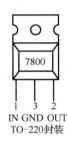

图 9.45　固定输出的三端固
定式稳压器（W7800 系列）
外形

（2）负电压输出的三端固定式稳压器

W7900 系列是负电压输出的三端固定式稳压器，外形与 W7800 系列相同，但引脚的排
列不同。三个引脚分别为 1—接地端、2—输出端、3—输入端。其典型电路接法如图 9.47
所示。W7900 系列输出电压等级有-5V、-6V、-9V、-12V、-15V、-18V、-24V 等系列，
如 CW79M12 表明输出-12V 电压。

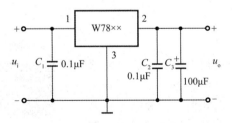

图 9.46　W7800 系列典型接法

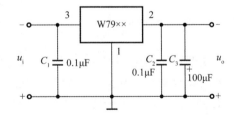

图 9.47　W7900 系列典型接法

2．三端可调式集成稳压器

常见的三端可调式集成稳压器有 CW117、CW217、CW317、CW337 和 CW337L 系列，
其中 CW117、CW217、CW317 为正电压输出，1 脚为调整端（ADJ），2 脚为输入端（IN），
3 脚为输出端（OUT）；CW337、CW337L 系列为负电压输出，1 脚为调整端（ADJ），2 脚
为输出端（OUT），3 脚为输入端（IN）。其外形如图 9.48 所示。

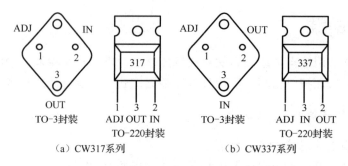

图 9.48 三端可调式集成稳压器的外形

图 9.49 所示是 CW317 三端可调式正电压集成稳压器接线图，可调输出电压为 1.25～25V。电路中外接的两个电阻器（R_1 和 R_p）用于确定输出电压，C_1 用于预防自励振荡产生，C_2 用于改善输出电压波形。

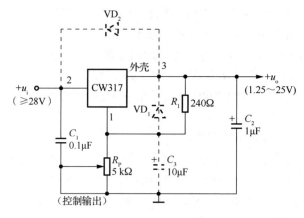

图 9.49 CW317 三端可调式正电压集成稳压器接线图

■9.5.2 开关稳压电源

串联型稳压器中的调整管工作在放大区，由于负载电流连续通过调整管，因此管子功率损耗大，电源效率低，一般只有 20%～24%。若用开关型稳压电路，它可使调整管工作在开关状态，管子损耗很小，效率可提高到 60%～80%，甚至可高达 90% 以上，在现代电子设备（如电视机、计算机）中广泛采用，它具有功耗小、效率高、体积小、质量小等特点。

1. 开关稳压电源的组成

开关稳压电源的组成框图如图 9.50 所示，它由整流器、滤波器、开关调整管、输出滤波器、采样电路、比较放大器、基准电压和开关控制电路组成。

读一读

并联型稳压电路及
串联型稳压电路

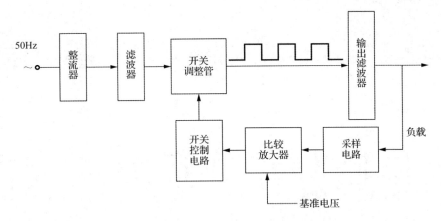

图 9.50　开关稳压电源的组成框图

开关调整管是一个由脉冲开关控制电路控制的电子开关，当开关控制电路发出脉冲时，电子开关闭合；无控制脉冲时，电子开关断开。

2. 开关稳压电源的特点

1）调整管工作在开关状态，功耗大大降低，电源效率大为提高。
2）调整管在开关状态下工作，为得到直流输出，必须在输出端加滤波器。
3）可通过脉冲宽度的控制方便地改变输出电压值。
4）在许多场合可以省去电源变压器。
5）由于开关频率较高，滤波电容器和滤波电感器的体积可大大减小。

思考与练习

简答题

1. 二极管具有什么特性？你能画出二极管的图形符号吗？
2. 你知道哪些特殊的二极管？
3. 晶体管具有什么特性？
4. 二极管与晶体管有没有相似的功能？
5. 简述单相桥式整流电路的工作原理。
6. 在单相桥式整流电路中，如果有一个二极管断路，电路会出现什么现象？如果有一个二极管短路，电路会出现什么现象？如果有一个二极管反接，电路又会出现什么现象？
7. 生活中二极管的应用有哪些？
8. 稳压电路的作用是什么？

单元 *10*

放大电路与集成运算放大器

单元学习目标

知识目标

1. 理解共射极基本放大电路的电路结构与主要元器件的作用；了解基本放大电路的直流通路与交流通路；了解小信号放大器的静态工作点和性能指标的含义；了解温度对放大器静态工作点的影响。
2. 了解射极输出器的主要特点。
3. 了解多级放大器的耦合方式及特点。
4. 了解反馈的基本概念与类型；了解负反馈对放大电路性能的影响。
5. 了解集成运放的电路结构、符号及器件的引脚功能；了解集成运放的理想特性在实际中的应用；了解低频功率放大器的基本要求和分类。
6. 了解常用振荡器的主要特点。

能力目标

1. 能识读共射极基本放大电路图；能识读分压偏置式放大器电路图。
2. 完成教材"第五部分"的"实训项目6"，会安装和调试共射极基本放大电路；会使用万用表调试晶体管的静态工作点。
3. 能识读反相放大器、同相放大器电路图。

放 大 电 路

从麦克风、录放机等输入的极小电压的信号源，通过放大电路获得大的输出电压，连接到称为负载的扬声器、蜂鸣器等，得到放大的信号。图 10.1 为由晶体管、电阻器、电容器、电源构成的最简单的放大电路。

图 10.1　放大电路实物图

放大电路简称放大器，是组成各种电子电路的基础，它可以将微弱的电信号转换成较强的电信号，广泛应用于音响、电视、精密测量仪器等电子设备中。了解基本放大电路的性能特点是非常必要的。

10.1.1　共射极基本放大电路

1. 共射极基本放大电路的组成

最常见的共射极基本放大电路如图 10.2 所示。下面我们一起来认识电路中各元器件的名称与作用。

（1）晶体管 VT

晶体管具有电流放大作用，是基本放大电路的核心器件。

（2）基极偏置电阻器 R_B

基极偏置电阻器 R_B 为晶体管发射结加上正向偏置电压，为晶体管提供合适的基极电流，一般为几十千欧至几百千欧。

（3）集电极电阻器 R_C

集电极电阻器 R_C 将晶体管集电极电流放大转换为电压放大，一般为几千欧。

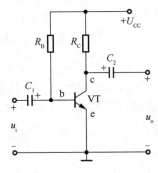

图 10.2　共射极基本放大电路

（4）耦合电容器 C_1、C_2

耦合电容器 C_1、C_2 分别接在放大器的输入、输出端，在电路中起隔直流、通交流的作用，一般选用容量较大的电解电容器。

2. 共射极基本放大电路的静态工作点与直流通路

（1）静态工作点

没有输入信号时的状态称为静态，此时放大电路中基极与发射极间的电压 U_{BE}、集电极与发射极间的电压 U_{CE} 及流过基极的电流 I_B、集电极的电流 I_C 都是不变的直流量。它们分别对应于晶体管输入、输出特性曲线上的一点，这一点称为晶体管的静态工作点，用字母 Q 表示。晶体管静态工作点所对应的直流量通常表示为 U_{BEQ}、U_{CEQ}、I_{BQ}、I_{CQ}。

（2）直流通路

放大电路直流电流流过的路径称为直流通路。把放大电路中的电容器视为开路，电感器视为短路，就可以得到放大电路的直流通路，如图 10.3 所示。

3. 共射极基本放大电路的交流通路

放大电路交流电流流过的路径称为交流通路。把放大电路中的电容器视为短路，电感器视为开路，直流电源视为短路，就可以得到放大电路的交流通路，如图 10.4 所示。

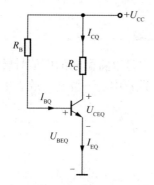

图 10.3　共射极基本放大电路的直流通路

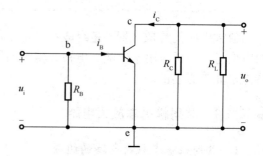

图 10.4　共射极基本放大电路的交流通路

4. 共射极基本放大电路的主要性能指标

（1）电压放大倍数

放大电路的结构框图如图 10.5 所示。我们把放大电路输出电压有效值与输入电压有效值之比称为电压放大倍数。电压放大倍数是衡量放大器电压放大能力的指标，用 A_u 表示，即

$$A_u = \frac{U_o}{U_i}$$

（2）输入电阻

放大电路的输入电阻是从放大电路的输入端向放大电路看进去的等效电阻，用 R_i 表示，如图 10.6 所示，i_i 是放大电路从信号源获得的电流，R_i 越大，i_i 越小。为了减小放大电路对

信号源的影响，实际应用中希望 R_i 大一些。R_i 在数值上等于输入电压 u_i 与输入电流 i_i 的比值，即

$$R_i = \frac{u_i}{i_i}$$

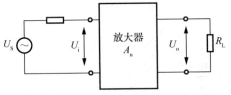

图 10.5　放大电路的结构框图

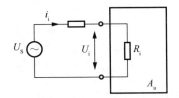

图 10.6　放大电路的输入电阻示意图

（3）输出电阻

放大电路的输出电阻是从放大电路的输出端向放大电路看进去的等效电阻，用 R_o 表示。放大电路的输出回路可以看成一个具有一定内阻 R_o 的"电源"，这个内阻就是放大电路的输出电阻，如图 10.7 所示。经数学推导可知，放大电路的内阻约等于集电极负载电阻 R_C，即

$$R_o = R_C$$

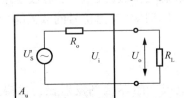

图 10.7　放大电路的输出电阻示意图

读一读

共基极放大电路

在实际应用中，要求输出电阻小一些好，输出电阻越小，放大电路带负载的能力越强，当负载变化时，对放大电路输出电压的影响越小。

*10.1.2　分压偏置式放大电路

放大电路正常工作需要选择合适的静态工作点，但是环境温度、电路参数的变化及电源电压的波动等都会使放大电路的静态工作点发生变化，其中温度变化是影响静态工作点的主要原因。因此，需要采取措施来稳定放大电路的静态工作点，通常采用分压偏置式电路来稳定静态工作点。

1.　温度对静态工作点的影响

晶体管受温度的影响很大，温度升高，晶体管的穿透电流 I_{CEO}、电流放大系数 β 都会增大，使放大电路的静态工作点接近饱和区，很容易出现饱和失真。为了使工作点稳定，必须设法使温度变化时，集电极静态电流 I_{CQ} 稳定不变，分压偏置式电路可以满足这个要求。

2.　分压偏置式电路

将共射极放大电路的偏置电阻器 R_B 分成上偏置电阻器 R_{B1} 和下偏置电阻器 R_{B2} 两部分，

并在发射极回路接电阻器 R_E 和电容器 C_E，就构成了分压偏置式放大电路，如图 10.8 所示。

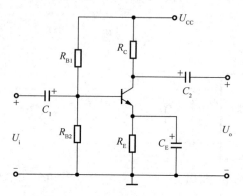

图 10.8　分压偏置式放大电路

上、下偏置电阻器 R_{B1}、R_{B2} 为放大电路提供固定不变的基极电位，发射极电阻器 R_E 为放大器提供随集电极电流变化而变化的发射极电位，当集电极电流受温度影响升高时，发射极电位也会随着升高，使基极与发射极间的电压降低，使基极电流降低，基极电流的降低会抑制集电极电流的上升，从而稳定电路的静态工作点。C_E 为发射极旁路电容器，它为交流信号提供通道，减少信号在 R_E 上的损耗，使放大电路对交流信号的放大能力不因 R_E 的存在而降低。

*10.1.3　射极输出器

将共射极基本放大电路的集电极负载电阻器接到发射极，就得到了一个射极输出器，如图 10.9 所示。射极输出器的输出信号是从发射极输出的，所以被称为射极输出器。

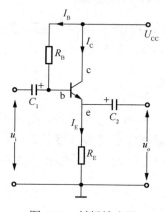

图 10.9　射极输出器

下面通过仿真实验来了解射极输出器的特点。

仿真实验　射极输出器的输入、输出电压波形观察

用 EWB 仿真软件搭接如图 10.10 所示的仿真实验电路，分别用示波器的 A、B 通道检测射极输出器的输入、输出电压波形，用交流电压表检测射极输出器输出的端电压，填入图 10.10 中。接通仿真电源，合上开关 S，观察实验现象。

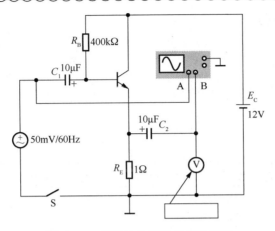

图 10.10　射极输出器仿真实验电路

实验现象：示波器 A、B 通道波形的相位与幅度一模一样，电压表的读数为 49.42mV，稍小于信号源提供的 50mV 的交流电压信号，如图 10.11 所示。

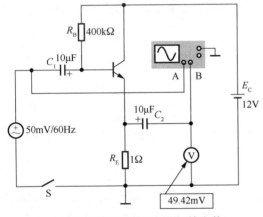

（a）输出电压值与输入电压值近似相等

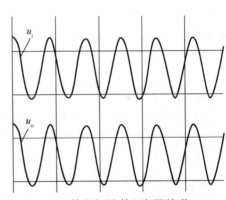

（b）输出波形与输入波形同相位

图 10.11　射极输出器仿真实验

实验结论：射极输出器输出的电压 u_o 与输入电压 u_i 大小近似相等，相位相同。

由于射极输出器输出的电压 u_o 与输入电压 u_i 大小近似相等，相位相同，因此射极输出器常常被称为电压跟随器。

反复实验还发现，射极输出器带负载的能力很强，从信号源吸取的电流比较小。

实验与数学推导得出射极输出器具有以下特点：

1）电压放大倍数近似为 1，即

$$A_u \approx 1$$

2）输入电阻 R_i 很大，从几千欧到几十千欧不等。

3）输出电阻 R_o 很小，从几欧到几十欧。

射极输出器常常放在多级放大器的最后一级，用以提高放大器带负载的能力。

10.1.4 多级放大电路

多级放大电路又称为多级放大器。在实际工作中，基本放大电路所得到的电信号往往都非常微弱，如果仅仅用一级放大，输出信号很难带动负载，这就需要将微弱的电信号连续放大到足以推动负载工作。多级放大电路的组成框图如图 10.12 所示。

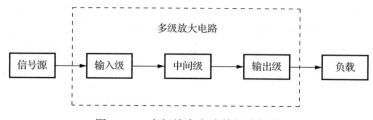

图 10.12　多级放大电路的组成框图

1. 多级放大电路的组成

多级放大电路由输入级、中间级及输出级组成，如图 10.12 所示。通常把与信号源相连接的第一级放大电路称为输入级，与负载相连接的末级放大电路称为输出级，输出级与输入级之间的放大电路称为中间级。其中，输入级与中间级的位置处于多级放大电路的前几级，故又称为前置级。前置级一般处于小信号工作状态，主要作用是实现电压放大；输出级的主要作用是功率放大，以提供负载足够大的信号，常采用功率放大电路。

2. 多级放大电路的耦合方式

在多级放大电路中，级与级之间的连接方式称为耦合。常见的耦合方式有阻容耦合、变压器耦合和直接耦合三种形式。

（1）阻容耦合

利用电容器作为耦合元件将前级和后级连接起来的耦合方式称为阻容耦合。如图 10.13 所示，放大电路第一级的输出信号通过电容器 C_2 与第二级的输入端相连接，C_2 称为耦合电容器。

阻容耦合放大电路具有体积小、质量小，耦合电容器具有隔直作用，各级电路的静态工作点相互独立、互不影响等优点。因此，阻容耦合在多级放大电路中得到了广泛应用。

> **特别提示**：耦合电容器传递信号的能力随信号频率而变化，它不能用于放大直流或变换缓慢的信号，不利于电路的集成化，一般用于分立元器件组成的放大电路中。

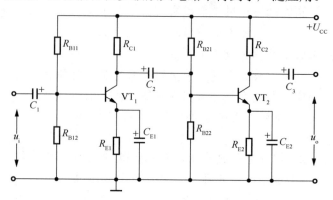

图 10.13　两级阻容耦合放大电路

（2）变压器耦合

利用变压器将放大电路前级的输出端与后级的输入端连接起来的耦合方式称为变压器耦合，如图 10.14 所示。变压器称为耦合变压器。

变压器具有隔直流的作用，因此各级静态工作点相互独立、互不影响。变压器在传输信号的同时还能够进行阻抗、电压、电流变换。

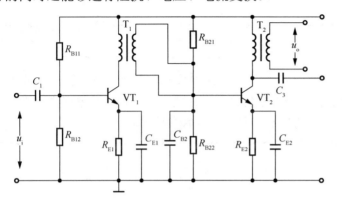

特别提示：变压器耦合的频率特性较差，不能放大变化缓慢的信号，而且体积大、笨重，不能实现集成化应用，常用于由分立元器件组成的功率放大电路中。

图 10.14　变压器耦合放大电路

（3）直接耦合

读一读

光电耦合
放大电路

将放大电路前级的输出端与后级的输入端直接连接起来的耦合方式称为直接耦合，如图 10.15 所示。

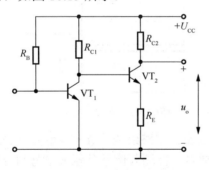

特别提示：直接耦合放大电路没有隔直元件，前级和后级的直流通路直接连通，静态工作点相互影响。

图 10.15　直接耦合放大电路

直接耦合放大电路具有良好的低频特性，既可以放大交流信号，也可以放大直流和变化非常缓慢的信号。电路简单，体积小，便于集成化，广泛用于集成运放中。

3. 多级放大电路的电压放大倍数与输入、输出电阻

（1）多级放大电路的电压放大倍数

多级放大电路总的电压放大倍数等于各级电压放大倍数之积，即

$$A_u = A_{u1}A_{u2}\cdots A_{un}$$

（2）多级放大电路的输入电阻和输出电阻

多级放大电路的输入电阻 R_i 等于第一级放大电路的输入电阻 R_{i1}，即

$$R_i = R_{i1}$$

多级放大电路的输出电阻 R_o 等于最后一级放大电路的输出电阻 R_{on}，即

$$R_o = R_{on}$$

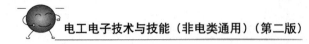

反　馈

上述基本放大器往往满足不了实际的需要，为此在放大电路中非常广泛地应用反馈，以达到改善放大电路性能的目的。什么是反馈？它对放大电路的性能有哪些改善？具有反馈的放大电路如何分析？这些就是本节所要介绍的主要内容。

10.2.1　反馈的概念

将放大电路的输出信号（电压或电流）的一部分或全部，通过一定的电路送回到放大电路的输入端，并与输入信号（电压或电流）相合成的过程称为反馈。反馈作为改善放大电路性能的重要手段，在各种电子设备、仪器的放大电路中广泛应用。带有反馈环节的放大电路称为反馈放大电路，反馈放大电路框图如图 10.16 所示。

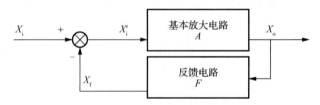

图 10.16　反馈放大电路框图

反馈放大电路主要由基本放大电路与反馈电路组成，X_i 表示输入信号；X_o 表示输出信号；X_f 表示反馈信号；X_i' 表示净输入信号，净输入信号是输入信号与反馈信号的叠加。

10.2.2　反馈的类型

1. 电压反馈和电流反馈

根据反馈信号从输出端取出方式的不同，可以把反馈分为电压反馈与电流反馈。采样环节与输出端并联，反馈信号与输出电压成正比的反馈，称为电压反馈，如图 10.17（a）所示；采样环节与输出端串联，反馈信号与输出电流成正比的反馈，称为电流反馈，如图 10.17（b）所示。

2. 串联反馈和并联反馈

根据反馈信号在放大电路输入端与输入信号的连接方式的不同，可以把反馈分为串联反馈和并联反馈。反馈信号在放大电路输入端与输入信号互相串联的反馈称为串联反馈，

如图 10.18（a）所示；反馈信号在放大电路输入端与输入信号并联的反馈称为并联反馈，如图 10.18（b）所示。

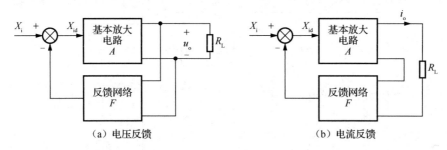

（a）电压反馈　　　　　　　　　（b）电流反馈

图 10.17　电压反馈和电流反馈

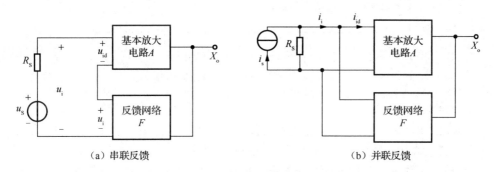

（a）串联反馈　　　　　　　　　（b）并联反馈

图 10.18　串联反馈和并联反馈

3. 负反馈和正反馈

根据反馈信号的极性，反馈可以分为正反馈和负反馈。

反馈信号极性与输入信号极性相同，使净输入信号增强的反馈称为正反馈，正反馈常用于振荡电路中。

反馈信号极性与输入信号极性相反，使净输入信号削弱的反馈称为负反馈。负反馈广泛用于各种电子设备的放大电路中。放大器中常用的负反馈类型有电压并联负反馈、电压串联负反馈、电流并联负反馈、电流串联负反馈等四种。

■10.2.3　负反馈对放大器性能的影响

我们通过一个电压负反馈仿真实验来了解负反馈对放大器性能的影响。

仿真实验　负反馈对放大器性能的影响观察

　　用 EWB 仿真软件搭接如图 10.19 所示的仿真实验电路，用示波器的 A 通道检测放大器的输入电压波形，用 B 通道检测放大器的输出电压波形，把 A 通道设置为红色，B 通道设置为黑色。用交流电压表检测放大器输出的端电压，并填入图 10.19 中。

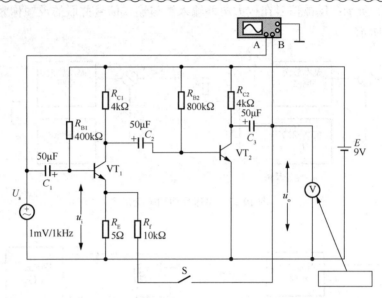

图 10.19　电压负反馈仿真实验电路

实验操作：

1）将图 10.19 中的开关 S 置于断的位置，接通仿真电源，将示波器的波形与电压表的读数填入表 10.1 中。为方便解析，表中已填入该数。

2）合上开关 S，观察示波器的波形与电压表的读数并填入表 10.1 中。

表 10.1　负反馈仿真实验现象与实验数据

参数	S 断开（无负反馈）	S 闭合（有负反馈）
u_i/mV	1	1
u_o/mV	3812	1641
$A_u = \dfrac{u_o}{u_i}$	3812	1641
输入、输出波形	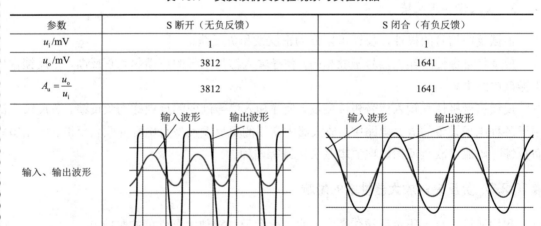	

由上述的仿真实验可以看出负反馈对放大器有如下影响：

1）负反馈降低了放大器的电压放大倍数。

2）减小了放大器的非线性失真。

特别提示：负反馈还能展宽频带，改变输入、输出电阻，有兴趣的读者可以自己通过实验去了解负反馈的这些特性。

10.3

集成运算放大器

集成化是电子技术发展的一个飞跃。将一个电路所含有的元器件及相互连接的导线全部制作在一块半导体基片上，能完成特定功能的电子器件称为集成电路。集成运算放大器（简称集成运放，图 10.20）是一种具有高电压放大倍数的直接耦合多级放大电路。当其外部接入不同的线性或非线性元器件组成输入和负反馈电路时，可以灵活地实现各种特定的函数关系。在线性应用方面，可组成比例、加法、减法、积分、微分、对数等模拟运算电路。

图 10.20　集成运算放大器 LM324N

■ 10.3.1　集成运算放大器的外形与图形符号

集成运算放大器常见的封装形式有双列直插式、圆壳式和扁平式，如图 10.21 所示。

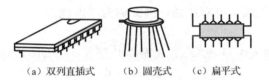

（a）双列直插式　（b）圆壳式　（c）扁平式

图 10.21　集成运算放大器的外形

集成运算放大器在电路图中的图形符号如图 10.22 所示。集成运算放大器有两个输入端和一个输出端，u_+ 表示同相输入端，u_- 表示反相输入端，u_o 表示输出电压。"∞"表示开环放大倍数为无穷大。

图 10.23 所示为集成运算放大器 CF741 的外形及引脚排列图、引脚名称。

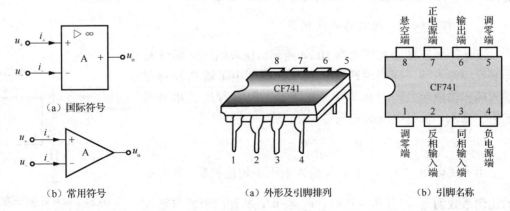

（a）国际符号

（b）常用符号

图 10.22　集成运算放大器的图形符号

（a）外形及引脚排列

（b）引脚名称

图 10.23　集成运算放大器 CF741 的引脚排列及名称

10.3.2 理想集成运算放大器

1. 理想集成运算放大器的特性

为了简化分析过程，在实际分析过程中常常把集成运算放大器理想化，理想的运算放大器具有如下特征：

1）开环电压放大倍数：$A_{uo} = \infty$。

2）差模输入电阻 $R_{id} \rightarrow \infty$。

3）开环输出电阻 $R_o \rightarrow 0$。

4）共模抑制比 $K_{CMRR} \rightarrow \infty$。

5）没有失调现象，即当输入信号为零时，输出信号也为零。

2. 理想集成运算放大器的分析方法

（1）虚短

理想运算放大器的开环电压放大倍数 $A_{uo} = \infty$，集成运算放大器工作在线性区时，$u_o = A_{uo}(u_+ - u_-)$，当输出电压 u_o 为有限值时，$u_+ - u_- = 0$，即

$$u_+ = u_-$$

可见两个输入端 u_+、u_- 的电位是相等的，这两个输入端不相接，电位又相等，相当于短路，通常称为"虚短"。如果同相输入端接地（或者通过电阻接地），即 $u_+ = 0$，则反向输入端 u_- 也为零，反向输入端又没有接地，因此称为"虚地"。

（2）虚断

理想运算放大器的输入电阻 $R_{id} = \infty$，当输入电压为一个有限值时，其输入电流为零，即

$$i_- = i_+ = 0$$

电路好像断了一样，而集成运算放大器与输入电路是相连的，并没有断路，因此称为"虚断"。

实际运算放大器的特性非常接近于理想特性，因此常常应用"虚短"和"虚断"来解决实际问题。

10.3.3 集成运算放大器组成的基本运算电路

1. 反相比例运算放大器与反相器

反相比例运算放大器如图 10.24 所示。输入电压 u_i 通过 R_1 加到反相输入端，同相端通过 R_2 接地，反馈电阻器 R_f 跨接在输入端和输出端之间。R_2 为平衡电阻器，取值为 R_1、R_f 并联的值。输入、输出电压的关系是

$$u_o = -\frac{R_f}{R_1} u_i$$

由上式可知，输出电压 u_o 与输入电压 u_i 相位相反，其大小的比例系数为 $\dfrac{R_f}{R_1}$，当 $R_f = R_1$ 时，$u_o = -u_i$，即输出电压与输入

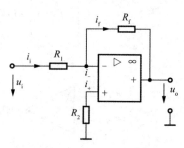

图 10.24 反相比例运算放大器

电压在数值上相等而相位相反，此时的反相比例运算放大器称为反相器。

2. 同相比例运算放大器

同相比例运算放大器如图 10.25 所示，输入电压 u_i 通过 R_2 加到放大器的同相输入端，反相端通过电阻器 R_1 接地。R_2 为平衡电阻器，有

$$R_2 = \frac{R_1 R_f}{R_1 + R_f}$$

输入、输出电压的关系是

$$u_o = \left(1 + \frac{R_f}{R_1}\right)u_i$$

由上式可知，输出电压 u_o 与输入电压 u_i 相位相同，其大小比例系数为 $1 + \dfrac{R_f}{R_1}$。当 $R_f = 0$ 或 $R_1 = \infty$ 时，$u_o = u_i$，输出电压与输入电压大小相等、相位相同，即输出电压随着输入信号的变化而变化，此种电路常常被称为电压跟随器，如图 10.26 所示。

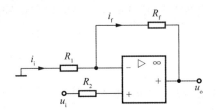

图 10.25 同相比例运算放大器

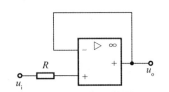

图 10.26 电压跟随器

*10.4 低频功率放大器

在放大器的末级，向负载提供足够功率的放大电路称为功率放大电路，又称为功率放大器。功率放大器按放大信号的频率，可分为低频功率放大器和高频功率放大器。低频功率放大器主要用于放大频率为几十赫兹到几十千赫兹的信号。

10.4.1 低频功率放大器的基本参数及要求

功率放大电路简称功放，通常位于多级放大电路的最后一级，为负载提供足够大的输出功率。一个性能良好的功率放大电路通常应符合以下基本要求。

1. 输出功率要足够大

功率放大电路的任务是根据负载要求，提供所需要的输出功率，因此功率放大电路的重要指标之一是最大输出功率 P_{om}。

2. 具有较高的效率

功率放大电路的电压和电流都较大，功率消耗也大。因此，能量的转换效率也是功率放大电路的一个重要技术指标。

放大器输出的交流功率 P_o 与电源提供的直流功率 P_E 之比称为放大器的效率，用符号 η 表示，即

$$\eta = \frac{P_o}{P_E}$$

式中，P_o——负载获得的信号功率；

P_E——电源提供的功率。

3. 非线性失真要小

由于功率放大器在工作时信号较大，称为大信号工作状态，输出波形的非线性失真比小信号放大器严重得多。非线性失真是功率放大器的一个重要技术指标，对于模拟电路来说，总希望在获得大的输出功率的同时，尽量把非线性失真限制在允许的范围内，以保证输出信号的逼真度。

4. 散热性能良好

功率放大器工作在大电压和大电流情况下，晶体管的耗散功率也大，因此在设计和使用时应考虑功放管的散热等问题，以保证功放管的安全。

▌10.4.2 低频功率放大器的分类

读一读

功率放大器按照晶体管所设置的静态工作点位置的不同，可分为甲类、乙类、甲乙类和丙类四种。在低频功率放大器中采用前三种工作状态，如表 10.2 所示，在电压放大器中采用甲类，在功率放大器中采用乙类或甲乙类。至于丙类，常用在高频功率放大器和某些振荡器电路中。

按耦合方式分类的功率放大电路

表 10.2　低频功率放大器的分类

类型	晶体管的状态	电路特点	图示
甲类	处于放大状态，整个周期内导通	输出波形失真小，静态电流大，管耗大，效率低（最高不超过50%）	（i_c-ωt 波形图，在 I_{CQ} 上下对称的正弦波，幅度 1cm）
乙类	半个周期处于截止状态，另半个周期内导通	输出波形失真大，静态电流几乎为零，管耗小，效率高（最高可达到78.5%）	（i_c-ωt 波形图，半波导通，幅度 1cm）

续表

类型	晶体管的状态	电路特点	图示
甲乙类	晶体管的导通时间大于信号的半个周期,介于甲类功放和乙类功放之间	输出波形失真大,静态电流小,管耗小,效率较高,接近乙类功率放大器	

■10.4.3 集成功率放大器的引脚功能及应用

随着线性集成电路的发展,集成功率放大器的应用已日益广泛。目前,集成功率放大器品种繁多,输出功率从几十毫瓦至几百瓦,已广泛应用于各种电子器件、通信设备、收录机、电视机等电子产品中。下面我们来了解一些集成功率放大器的引脚功能及应用。

1. **TDA2822M 集成功率放大器**

TDA2822M 集成功率放大器采用 8 脚双列直插塑料封装结构,如图 10.27 所示。

一般的集成功率放大器电路外围元器件较多且需要较大的散热器,TDA2822M 集成功率放大器电路简单,常用在便携式音频设备等中,作音频放音用,其功率不是很大,但已可以满足听觉要求,且有电路简单、音质好、电压范围宽等特点。

图 10.27 TDA2822M 的封装

TDA2822M 的引脚排列如图 10.28 所示,各引脚功能如下:

1、3 脚,左右输出;

5、8 脚,左右反馈;

2、4 脚,正负电源;

6、7 脚,左右输入。

TDA2822M 集成功率放大器的应用电路如图 10.29 所示,用一块 TDA2822M 功率放大器接成 BTL 方式,外围元件只有 1 个电阻器和 2 个电容器,不用装散热器,放音效果令人满意。R_1 一般选用 $10\text{k}\Omega$ 的碳膜电阻器,C_1 可选用 $0.1\mu\text{F}$ 的涤纶电容器,C_2 为 $100\mu\text{F}/16\text{V}$ 的电解电容器。

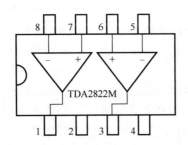

图 10.28 TDA2822M 的引脚排列

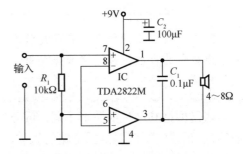

图 10.29 TDA2822M 组成的 BTL 电路

图 10.30 TDA7050T 的封装

2. TDA7050T 集成功率放大器

TDA7050T 集成功率放大器外形尺寸小、外接元器件少，常用来组装低电压的薄型袖珍单放机、收音机等。图 10.30 所示为 TDA7050T 的封装。

TDA7050T 的外形为 8 脚扁平塑料封装，其外接线方式如图 10.31 所示。图 10.31（a）所示为立体声工作方式，外接元件只有两个 47μF 的电解电容器，电压增益为 26dB。当 U_{CC}=3V，$R_p = 32\Omega$ 时，$P_{om} = 36mW$。图 10.31（b）所示为 BTL 工作方式，无须外接元件。当 $U_{CC} = 3V$，$R_p = 32\Omega$ 时，$P_{om} = 140mW$，电压增益为 32dB。

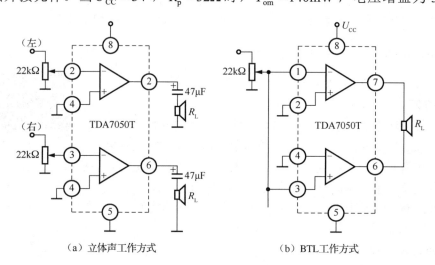

（a）立体声工作方式 （b）BTL 工作方式

图 10.31 TDA7050T 的外接线图

*10.5

振 荡 器

能自动输出不同频率、不同波形的交流信号，使电源的直流电能转换成交流电能的电子线路称为自激振荡电路或振荡器。它在通信、广播、自动控制、仪表测量、高频加热及超声探伤等方面，有着广泛的用途。

振荡器根据其产生的波形不同，可分为正弦波振荡器和非正弦波振荡器（如矩形波、锯齿波等）。正弦波振荡器根据电路的组成，又分为 LC 振荡器、RC 振荡器和晶体振荡器。

■10.5.1 LC 正弦波振荡器

LC 正弦波振荡器可以产生频率高达 1000MHz 以上的正弦波信号。由于普通集成运放的频带较窄，而高速集成运放价格高，所以 LC 正弦波振荡器一般由分立元器件组成。常见的 LC 正弦波振荡器可分为变压器耦合式振荡器和三点式振荡器两大类，它们的共同特点是由电感器 L 和电容器 C 组成的选频振荡电路作为选频网络，而且通常采用 LC 并联回路。

1. 变压器耦合式振荡器

变压器耦合式振荡器的特点是通过变压器把反馈信号送到放大器的输入端，如图 10.32 所示。

接上电源后，振荡器就会起振，输出频率值为 f_0 的信号。因此，变压器耦合式 LC 振荡电路的振荡频率 f_0 由 L、C 决定，即

$$f_0 = \frac{1}{2\pi\sqrt{LC}}$$

变压器耦合式振荡器是依靠线圈之间的互感耦合实现正反馈的，所以应注意耦合线圈同名端的正确位置，只要接线正确，绕组没有接反，元件没有损坏，选择合适的耦合系数，就很容易起振。

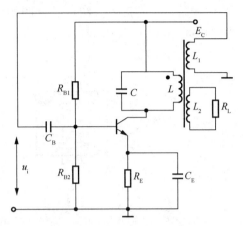

图 10.32　变压器耦合式振荡器

2. 三点式振荡器

三点式振荡器的特点是 LC 选频回路的三个端点分别与晶体管（或场效应晶体管）的三个电极相连接，或与基本放大器的输出端、输入端和公共端相连接，因而称为"三点式"。三点式振荡器有电感三点式振荡器和电容三点式振荡器两种，其中电感三点式振荡器如图 10.33 所示。

只要适当地选取 L_2 和 L_1 的比值，满足振幅平衡条件，电路就能振荡。其振荡频率为

$$f_0 = \frac{1}{2\pi\sqrt{LC}} = \frac{1}{2\pi\sqrt{(L_1+L_2+2M)C}}$$

式中，M——L_1 与 L_2 之间的互感系数。

电感三点式振荡器容易起振，采用可变电容器能在较宽的范围内调节振荡频率（改变 C 值即可），其工作频率范围可以从数十万赫兹至数十兆赫兹，所以用在经常改变频率的场合（如收音机、信号发生器等）。但由于反馈电压取自电感器支路 L_2，致使输出波形中含有较多的谐波，输出波形较差，因此这种振荡器常用于对输出信号波形要求不高的场合。

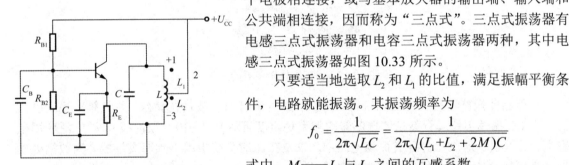

图 10.33　电感三点式振荡器

读一读

电容三点式振荡器

█ 10.5.2　石英晶体振荡器

石英晶体振荡器是利用石英晶体（二氧化硅的结晶体）的压电效应制成的一种谐振器件，

它的基本构成大致是：从一块石英晶体上按一定方位角切下薄片（简称为晶片，如图 10.34 所示，它可以是正方形、矩形或圆形等），在它的两个对应面上涂敷银层作为电极，在每个电极上各焊一根引线接到引脚上，再加上封装外壳就构成了石英晶体谐振器，简称为石英晶体或晶体、晶振，其结构示意图如图 10.34（a）所示，它的图形符号和等效电路分别如图 10.34（b）、（c）所示。

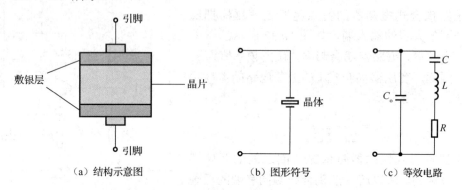

（a）结构示意图　　（b）图形符号　　（c）等效电路

图 10.34　石英晶体振荡器的结构示意图和图形符号、等效电路

石英晶体振荡器是一种高精度和高稳定度的振荡器，其产品一般用金属外壳封装，也有用玻璃壳、陶瓷或塑料封装的，如图 10.35 所示。

图 10.35　石英晶体振荡器的封装

石英晶体振荡器的频率范围较宽，可以从数百千赫兹至数百兆赫兹，并且频率稳定度大大高于 LC 振荡电路（石英晶体振荡器的频率稳定度可达 $10^{-6}\sim10^{-11}$ 数量级），被广泛应用于彩电、计算机、遥控器等各类振荡电路中，以及在通信系统中用于频率发生器、为数据处理设备产生时钟信号和为特定系统提供基准信号。

思考与练习

填空题

1. 根据反馈极性的不同，反馈可以分为_____和_____。
2. 集成运放一般由_____、_____、_____和_____四个主要部分组成。
3. _____和_____是理想运放工作在线性区时的两个重要结论。

第四部分

数字电子技术

单元 11

数字电子技术基础

数字电路基础知识

电子电路分为数字电路和模拟电路两大类。数字电路精度高、可靠性高，应用十分广泛。目前所见的大部分电器产品，如电视机、电冰箱、洗衣机、摄像机、照相机等都在迅速向数字化方向发展。因此，了解数字电子技术是十分必要的。

■ 11.1.1 数字信号及其特点

我们先来看看如图 11.1（a）、（b）所示的电压信号，它们有什么特点？

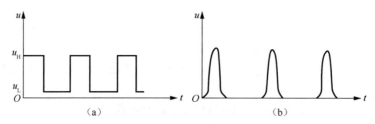

图 11.1 数字信号

我们把时间与幅度都不连续的信号称为数字信号。数字信号在时间上和数值上都是间断的，如图 11.1 所示。数字信号具有精度高、可靠性高、集成度高、成本低、使用效率高、应用范围广等优点。

■ 11.1.2 常用数制

数制即计数的方法，常用的数制有十进制和二进制两种。

1. 十进制

十进制数中每个数码必须是 0，1，2，…，9 十个数字符号中的一个。它的计数原则是：逢十进一，借一当十。以 10 为底的幂称为位权，同一数码在不同位置的位权不同，其所代表的数值也不同。一个 n 位十进制整数 $[M]_{10}$ 可以表示为

$$[M]_{10} = K_{n-1} \cdot 10^{n-1} + K_{n-2} \cdot 10^{n-2} + \cdots + K_1 \cdot 10^1 + K_0 \cdot 10^0 = \sum_{i=0}^{n-1} K_i \cdot 10^i$$

式中，n ——十进制数的位数，为整数；

K_i ——第 i 位的数码；

10^i ——第 i 位的位权。

例如，十进制数 $(345)_{10}$ 可以表示为 $3 \times 10^2 + 4 \times 10^1 + 5 \times 10^0$，其中3、4、5称为数码，$10^2$、$10^1$、$10^0$ 称为位权。

2. 二进制

二进制数只有 0、1 两个数码，常用来表示电平的高低、脉冲信号的有无。二进制数广泛应用于数字电路。它的计数原则是：逢二进一，借一当二。二进制数 $(11011)_2$ 可以表示为 $1 \times 2^4 + 1 \times 2^3 + 0 \times 2^2 + 1 \times 2^1 + 1 \times 2^0$，其中 1、1、0、1、1 称为数码，$2^4$、$2^3$、$2^2$、$2^1$、$2^0$ 称为位权。一个任意 n 位二进制整数可以表示为

$$[M]_2 = K_{n-1} \cdot 2^{n-1} + K_{n-2} \cdot 2^{n-2} + \cdots + K_1 \cdot 2^1 + K_0 \cdot 2^0 = \sum_{i=0}^{n-1} K_i \cdot 2^i$$

式中，n——二进制数的位数，为整数；

　　　K_i——第 i 位的数码；

　　　2^i——第 i 位的位权。

读一读

八进制及十六进制转二进制

▌11.1.3　二进制数与十进制数之间的相互转换

1. 二进制数转换为十进制数

二进制数转换为十进制数采用乘权相加法，具体方法是将二进制数按其展开式展开后相加，这样就得到等值的十进制数。

【例11.1】将 $(11011)_2$ 转换为十进制数。

解： $(11011)_2 = 1 \times 2^4 + 1 \times 2^3 + 0 \times 2^2 + 1 \times 2^1 + 1 \times 2^0$

$\qquad\qquad = 16 + 8 + 0 + 2 + 1 = (27)_{10}$

2. 十进制数转换为二进制数

十进制数转换为二进制数采用除 2 取余倒记法，具体方法是将十进制数的整数部分依次除以 2，取出余数，一直除到结果为 0，从最下面的第一个 1 开始计数。

【例11.2】将 $(17)_{10}$ 转换为二进制数。

解： 如图 11.2 所示，所以

$$(17)_{10} = (10001)_2$$

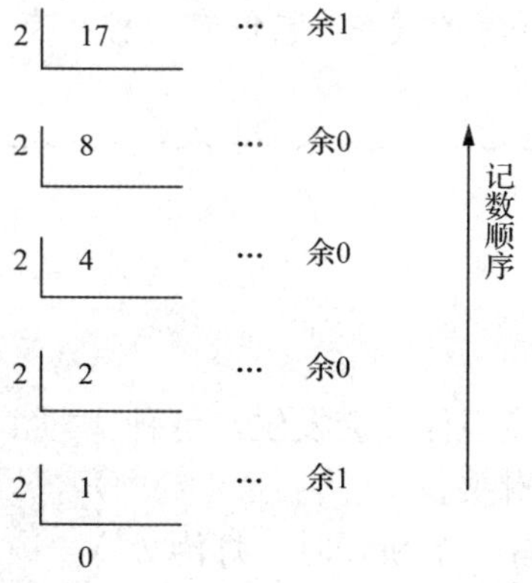

```
2 | 17      … 余1
2 |  8      … 余0     ↑
2 |  4      … 余0     记
2 |  2      … 余0     数
2 |  1      … 余1     顺
     0                序
```

读一读

八进制数、十六进制数转换
为十进制数和二进制数

图 11.2　例 11.2 图

我们所使用的数制，除了前面介绍的二进制和十进制，还有八进制和十六进制两种。八进制数由 0、1、2、3、4、5、6、7 八个数码和它相应的位权组成，其采用"逢八进一"的计数方式。十六进制数由 0、1、2、3、4、5、6、7、8、9、A、B、C、D、E、F 十六个数码和它相应的位权组成，其采用"逢十六进一"的计数方式。

11.1.4　8421BCD 码

数字电路中的二进制数码不仅用来表示数字的大小，还用来表示各种文字、符号、图形等非数值信息。通常把表示文字、符号、图形等信息的二进制数码称为代码，如大家熟悉的电话号码的编码，它仅表示和每个家庭的关系，并不表示数值的大小。把这种代码与文字、符号、图形或其他特定对象之间建立一一对应关系的过程，称为编码。

由于在数字电路中常采用二进制数码，而大家更习惯于用十进制数码，所以常用 4 位二进制数码表示 1 位十进制数码，称为二-十进制编码，简称 BCD 码，也称为 8421BCD 码。

例如，　$(5)_{10} = (0101)_{BCD}$，　$(957)_{10} = (1001\ 0101\ 0111)_{BCD}$。

逻辑门电路与逻辑代数

在数字电路中，门电路是最基本的逻辑单元。人们把能实现一定因果关系的单元电路称为逻辑门电路。与逻辑关系、或逻辑关系、非逻辑关系是数字电路的三种最基本的逻辑关系，对应的逻辑门电路是与门、或门、非门，由这三种逻辑门可以构成各种复合逻辑门。逻辑关系的计算称为逻辑代数。逻辑代数与普通代数有着不同的概念，逻辑代数表示的不是数的大小之间的关系，而是逻辑的关系，它仅有两种状态，即"0"和"1"。它是分析和设计数字系统的数学基础。

11.2.1　常用的基本逻辑门

1. 与逻辑和与门

当决定某种事件的所有条件都具备时，该事件才会发生，这种因果关系称为与逻辑关系。与逻辑又称为逻辑乘。

在图 11.3（a）所示的电路中，当开关有一个断开时，灯泡处于灭的状态，仅当两个开关同时合上时，灯泡才会亮。图 11.3（b）列出了两个开关的所有组合，以及灯泡的状态。我们用"0"表示开关处于断开状态，"1"

表示开关处于合上状态；灯泡的状态用 "0" 表示灭，用 "1" 表示亮。像图 11.3 （b）这种将输入、输出关系一一对应表示出来的表格称为真值表。由真值表可以归纳出与逻辑关系的逻辑功能，即 "有 0 出 0，全 1 出 1"。

图 11.3 （c）给出了与逻辑关系的逻辑符号 "&"，该符号表示两个输入的逻辑关系。如果输入有三个，则符号的左边再加上一道线即可。

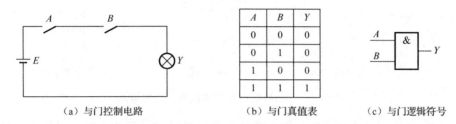

（a）与门控制电路　　　　（b）与门真值表　　　　（c）与门逻辑符号

图 11.3　与门控制电路、真值表及逻辑符号

与逻辑用表达式的形式可表示为

$$Y = A \cdot B$$

上式在不造成误解的情况下可简写为

$$Y = AB$$

2. 或逻辑和或门

当决定某种事件的所有条件中只要有一个条件具备时，该事件就会发生，这种因果关系称为或逻辑关系。下面通过开关的工作状态说明或逻辑的运算，如图 11.4 所示。

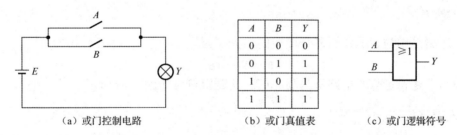

（a）或门控制电路　　　　（b）或门真值表　　　　（c）或门逻辑符号

图 11.4　或门控制电路、真值表及逻辑符号

图 11.4 （a）为一并联直流电路，当两个开关都处于断开状态时，灯泡不会亮；当 A、B 两个开关中有一个或两个一起合上时，灯泡就会亮。若开关合上的状态用 "1" 表示、断开的状态用 "0" 表示，灯泡的状态亮时用 "1" 表示、不亮时用 "0" 表示，则可列出图 11.4 （b）所示的真值表。这种逻辑关系就是通常讲的或逻辑。从真值表中可看出，只要输入 A、B 两个中有一个为 "1"，则输出为 "1"，否则为 "0"。所以，或逻辑关系的逻辑功能为 "有 1 出 1，全 0 出 0"。

图 11.4 （c）为或门逻辑符号，后面通常用该符号来表示或逻辑，其中的 "≥1" 表示输入中有一个或一个以上的 1，输出就为 1。

或逻辑的表达式为

$$Y = A + B$$

3. 非逻辑和非门

非就是反，就是否定。非逻辑又常被称为反相运算。下面通过开关的工作状态说明非逻辑的运算，如图11.5所示。

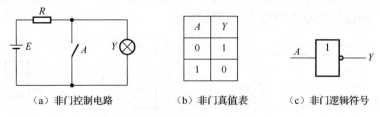

（a）非门控制电路　　　　（b）非门真值表　　　　（c）非门逻辑符号

图11.5　非门控制电路、真值表及逻辑符号

图11.5（a）所示电路实现的逻辑功能就是非运算功能，从图中可以看出，当开关 A 合上时，灯泡反而灭；当开关 A 断开时，灯泡才会亮，故其输出 Y 的状态与输入 A 的状态正好相反。根据非逻辑关系列出其真值表如图11.5（b）所示，归纳出其逻辑功能为"有1出0，有0出1"。

非逻辑的表达式为

$$Y = \overline{A}$$

11.2.2　常用的复合逻辑门

基本逻辑的简单组合称为复合逻辑，实现复合逻辑的电路称为复合门。

1. 与非逻辑

与非逻辑是由与、非逻辑复合而成的，先"与"后"非"，其表达式为

$$Y = \overline{AB}$$

实现与非逻辑运算的电路称为与非门。其逻辑符号如图11.6所示。

2. 或非逻辑

或非逻辑是或逻辑和非逻辑的组合，先"或"后"非"，其表达式为

$$Y = \overline{A + B}$$

实现或非逻辑运算的电路称为或非门，其逻辑符号如图11.7所示。

3. 与或非逻辑

与或非逻辑是"与""或""非"三种逻辑的组合，先"与"再"或"后"非"，其表达式为

$$Y = \overline{AB + CD}$$

实现与或非逻辑运算的电路称为与或非门，其逻辑符号如图11.8所示。

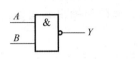

图 11.6 与非门逻辑符号

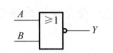

图 11.7 或非门逻辑符号

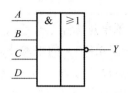

图 11.8 与或非门逻辑符号

读一读

异或逻辑及同或逻辑

11.2.3 TTL 和 CMOS 门

现在数字集成电路产品已完全取代了早期分立元器件组成的数字电路。数字电路产品的种类愈来愈多，其分类方法也有多种，如果按照电路结构来分，可分成 TTL 型和 CMOS 型两大类。

1. TTL 集成逻辑门

TTL 与非门具有较高的工作速度、较强的抗干扰能力、较大的输出幅度和负载能力强等优点，因而得到了广泛应用。

常见的 TTL54/74 系列有如下共同特性：电源电压为 5.0V，逻辑 "0" 输出电压 $\leq 0.2V$，逻辑 "1" 输出电压 $\geq 3.0V$，抗扰度为 1.0V。下面主要介绍 74LS20 集成电路的相关知识。

74LS20 是一块四输入双与非门的集成电路，即在一个集成电路内含有两个互相独立的与非门，每个与非门有四个输入端，其逻辑符号及引脚排列如图 11.9 所示。

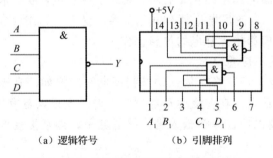

（a）逻辑符号   （b）引脚排列

图 11.9 74LS20 的逻辑符号及引脚排列

关键与要点

TTL 集成电路使用规则

1）接插集成电路时，要认清定位标记，不得插反。

2）使用电源电压范围为 4.5～5.5V。一般要求使用 $U_{CC} = 5V$。电源极性绝对不允许接错。

3）闲置输入端的处理方法如下。

①悬空，相当于正逻辑 "1"。对于一般小规模集成电路的数据输入端，实验时允许悬空处理，但易受外界干扰，导致电路的逻辑功能不正常。因此，对于接有长线的输入端，中规模以上的集成电路和使用集成电路较多的复杂电路，所有控制输入端必须按逻辑要求接入电路，不允许悬空。

②直接接电源电压 U_{CC}（也可以串入一个 $1\sim10\text{k}\Omega$ 的固定电阻器）或接至某一固定电压（$2.4\text{V}\leqslant U\leqslant 4.5\text{V}$）的电源上，或与输入端为接地的多余与非门的输出端相接。

③若前级驱动能力允许，可以与使用的输入端并联。

4）输入端通过电阻器接地，电阻值的大小将直接影响电路所处的状态。当 $R\leqslant0.5\text{k}\Omega$ 时，输入端相当于逻辑"0"；当 $R\geqslant2\text{k}\Omega$ 时，输入端相当于逻辑"1"。

5）输出端不允许并联使用（三态门和 OC 门除外），否则不仅会使电路逻辑功能混乱，而且会导致器件损坏。

6）输出端不允许直接接电源 U_{CC}，不允许直接接地，否则会损坏器件。

2. CMOS 集成逻辑门

CMOS 数字集成电路比 TTL 集成电路有更多的优点：工作电源电压范围宽、静态功耗低、抗干扰能力强、输入阻抗高、成本低等，所以电子钟表、电子计算器等均大量使用这种电路。

CMOS 门电路有与非门、或非门、异或门等。

读一读

TTL 门电路和 CMOS 门电路的相互连接

关键与要点

CMOS 电路的正确使用

1）输入电路的静电防护。

不要使用易产生静电高压的化工材料、化纤织物包装，最好采用金属屏蔽层作包装材料。组装、调试时，应使用电烙铁和其他工具；仪表、工作台台面等良好接地；操作人员的服装和手套等应选用无静电的原料制作。

2）不用的输入端不应悬空。

① 对于与非门及与门，多余输入端应接高电平。例如，直接接电源正端或通过一个上拉电阻器接电源正端；在前级驱动能力允许时，也可以与有用的输入端并联使用。

② 对于或非门及或门，多余输入端应接低电平，如直接接地；也可以与有用的输入端并联使用。

思考与练习

简答题

1. 将下列二进制数转换为十进制数。

   11011　　11000110　　10101011

2. 将下列十进制数转换为二进制数。

   56　　87　　2010

3. 将下列十进制数转换为 8421BCD 码。

   567　　2009　　897

4. 基本逻辑门电路有哪几种？

5. 图 11.10 所示的逻辑符号分别代表哪种逻辑门电路?

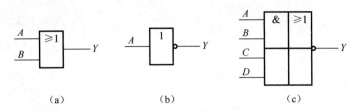

（a）　　　　　　（b）　　　　　　（c）

图 11.10　逻辑符号

6. TTL 集成电路的使用规则有哪些?

7. 如何正确使用 CMOS 电路?

组合逻辑电路和时序逻辑电路

单元学习目标

知识目标 ☞

1. 了解组合逻辑电路的定义和特点。
2. 了解编码器的基本功能和典型集成编码电路的引脚功能。
3. 了解译码器的基本功能和典型集成译码电路的引脚功能。
4. 了解半导体数码管的基本结构和工作原理，了解典型集成译码显示器的引脚功能。
5. 了解基本 RS 触发器的电路组成、同步 RS 触发器的特点及时钟脉冲的作用。
6. 了解寄存器的功能、基本构成和常见类型，了解集成移位寄存器的功能及工作过程。
7. 了解计数器的功能及类型。

能力目标 ☞

1. 会识读组合逻辑电路。
2. 会根据引脚功能表正确使用典型集成编码器。
3. 会根据引脚功能表正确使用典型集成译码器。
4. 会根据引脚功能表正确使用典型集成译码显示器。
5. 会搭接 RS 触发器电子控制电路。

组合逻辑电路

组合逻辑电路是不具有记忆功能的数字电路。

在实际应用时，常常将基本逻辑运算进行简单组合，即组合成常用复合逻辑。下面具体分析组合逻辑电路。

12.1.1　组合逻辑电路简介

1. 组合逻辑电路的定义

把门电路按一定的规律加以组合，可以构成具有各种功能的逻辑电路，称为组合逻辑电路。

2. 组合逻辑电路的特点

1）电路的输入状态确定后，输出状态则被唯一确定下来，因而输出变量是输入变量的逻辑函数。

2）电路的输出状态不影响输入状态，电路的历史状态不影响输出状态。

3. 组合逻辑电路的种类

组合逻辑电路的种类很多，这里主要介绍编码器、译码器和数字显示器。

关键与要点

组合逻辑电路的分析步骤：
1）根据已知逻辑电路图写出逻辑函数式。
2）对逻辑函数式进行化简（这里介绍的是比较简单的逻辑函数式）。
3）根据最简逻辑函数式列出逻辑真值表。
4）根据逻辑真值表分析逻辑功能。

【**例 12.1**】分析图 12.1 所示逻辑电路的功能。

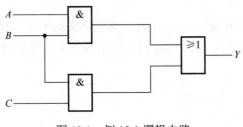

图 12.1　例 12.1 逻辑电路

关键与要点

编码的过程：
1）确定二进制代码位数：n 位二进制有 2^n 个代码。
2）列编码表，即真值表。
3）由编码表写逻辑函数式。
4）画出逻辑图。

解：1）根据逻辑电路图逐级写出表达式，如图 12.1 所示。写出 Y 的表达式

$$Y = AB + BC$$

2）列出最简式的真值表，如表 12.1 所示。

表 12.1　例 12.1 真值表

A	B	C	Y
0	0	0	0
0	0	1	0
0	1	0	0
0	1	1	1
1	0	0	0
1	0	1	0
1	1	0	1
1	1	1	1

3）根据真值表归纳其逻辑功能：三个输入变量中 B 为高电平和 A 或 C 为高电平时，输出为高，否则为低。

12.1.2　编码器

编码就是用二进制代码来表示一个给定的十进制数或字符，完成这一功能的逻辑电路称为编码器。

由编码过程可以看出，分析编码器的方法和分析组合逻辑电路的方法很相似。常见的编码器有二进制和二-十进制（8421BCD）编码器两种。图 12.2 所示是一个常见的 8421BCD 编码器的原理图。

如果十进制输入为 1，开关只有 S_1 闭合，其他开关均断开，此时 $Y_3Y_2Y_1Y_0$ 输出 BCD 编码为 0001。同理，输入 9，输出为 1001。图 12.3 所示为 8-3 线优先编码器 CT54148/CT74148 的逻辑符号及引脚排列。

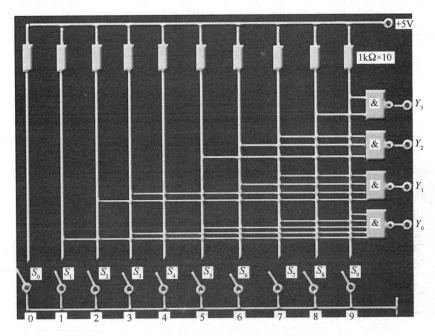

图 12.2　8421BCD 编码器的原理图

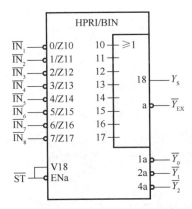

图 12.3　8-3 线优先编码器 CT54148/CT74148 的逻辑符号及引脚排列

12.1.3　译码器

译码是编码的逆过程。

常见的二进制译码器有 2-4 线译码器（2/4 译码器）、3-8 线译码器（3/8 译码器）、4-16 线译码器（4/16 译码器）。图 12.4 所示是一个典型的 3-8 线译码器（3/8 译码器）原理图，当输入端 ABC 输入为 001 时，输出端只有 Y_1 输出低电平，其他输出端均输出高电平。74LS138 为常见的 3-8 线译码器，其逻辑符号及引脚排列如图 12.5 所示。

> 关键与要点
>
> 译码的过程：
> 1）列译码表，即真值表。
> 2）由译码表写逻辑函数式。
> 3）画逻辑图。

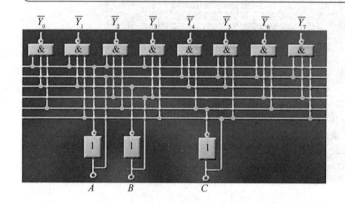

图 12.4　3-8 线译码器原理图

注：输出低电平有效。

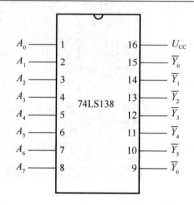

图 12.5　3-8 线译码器的逻辑符号及引脚排列

12.1.4　数字显示器

1. 半导体数码管

半导体数码管（图 12.6）由八个发光二极管封装而成，工作电压为 1.5～5V，工作电流为几毫安至几十毫安。其内部根据二极管的不同接法分为共阴极和共阳极两种。

图 12.6　半导体数码管

2. 七段显示译码器

图 12.7 所示是七段显示译码的一块集成芯片 74LS48 译码器，输出字电平有效。该芯片的 1、2、6、7 脚为输入端，9～15 脚为输出端。

74LS48 除了有实现七段显示译码器基本功能的输入（DCBA）和输出（a～g）端外，74LS48 还引入了灯测试输入端（$\overline{\text{LT}}$）和动态灭零输入端（$\overline{\text{RBI}}$），以及既有输入功能又有输出功能的消隐输入/动态灭零输出（$\overline{\text{BI}}/\overline{\text{RBO}}$）端。

74LS48 译码器的典型应用电路如图 12.8 所示。共阴数码管的译码电路 74LS48 内部有上拉电阻器，故后接数码管时无须再外接上拉电阻器（由于数码管的点亮电流在 5～10mA，所以一般都要外接限流电阻器的保护数码管）。

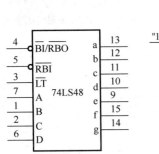

图 12.7　74LS48 译码器

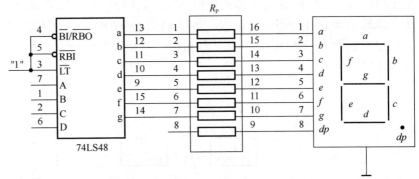

图 12.8　74LS48 译码器的典型使用电路

时序逻辑电路

时序逻辑电路是具有记忆功能的数字电路。

12.2.1　时序逻辑电路简介

时序逻辑电路是指任意时刻的输出不仅取决于当时的输入信号，还取决于电路原来的状态，或者说，还与以前的输入信号有关。在电路结构上，时序逻辑电路除包含组合逻辑电路外，还必须包含具有记忆功能的存储电路，如图 12.9 所示。

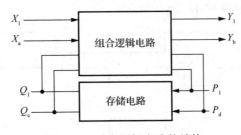

图 12.9　时序逻辑电路的结构

12.2.2　触发器

要实现数字电路的记忆功能就需要用到触发器，触发器是时序逻辑电路的基本单元。

1. 基本 RS 触发器

（1）工作原理

基本 RS 触发器的电路如图 12.10（a）所示，它是由两个与非门按正反馈方式闭合而成的。

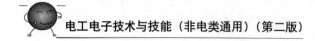

图 12.10（b）是基本 RS 触发器的逻辑符号。S_D 和 R_D 上加"–"表示输入低电平有效。Q 和 $\overline{Q}$ 表示在输出端总保持相反的状态。当 $Q=1$、$\overline{Q}=0$ 时，称为触发器置 1；当 $Q=0$、$\overline{Q}=1$ 时，称为触发器置 0。两个输入端共四种组合，对这四种组合进行分析，从而得出其逻辑功能表如表 12.2 所示。

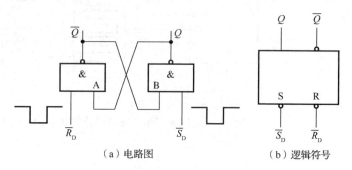

（a）电路图　　　　　　　（b）逻辑符号

图 12.10　基本 RS 触发器的电路图和逻辑符号

表 12.2　基本 RS 触发器的逻辑功能表

$\overline{R_D}$	$\overline{S_D}$	Q^{n+1}	$\overline{Q^{n+1}}$	逻辑功能
0	0	不定	不定	不允许
0	1	0	1	置0
1	0	1	0	置1
1	1	Q^n	$\overline{Q^n}$	保持

表 12.2 中的 Q^n 和 $\overline{Q^n}$ 表示触发器现在的状态，简称现态；Q^{n+1} 和 $\overline{Q^{n+1}}$ 表示触发器在触发脉冲作用后输出端的新状态，简称次态。对于新状态 Q^{n+1} 而言，Q^n 也称为原状态。

【例 12.2】画出基本 RS 触发器在给定输入信号 R_D 和 S_D 的作用下 Q 端和 $\overline{Q}$ 端的波形。输入波形如图 12.11（a）所示。

解：Q 端与 $\overline{Q}$ 端波形如图 12.11（b）所示。

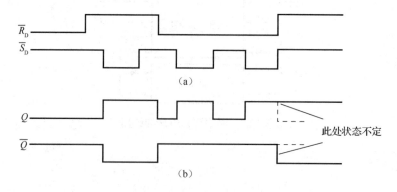

图 12.11　例 12.2 的波形

（2）集成基本 RS 触发器

1）TTL 集成 RS 触发器 74LS279。图 12.12 所示为 TTL 集成基本 RS 触发器 74LS279 实物图、逻辑电路和引出端功能图，在一个芯片上集成了两个如图 12.12（b）所示的电路和两个如图 12.12（c）所示的电路，共 4 个触发器。

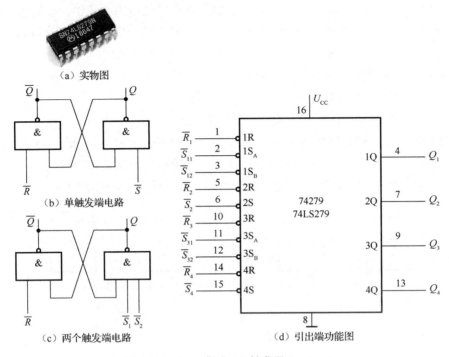

（a）实物图

（b）单触发端电路

（c）两个触发端电路

（d）引出端功能图

图 12.12　TTL 集成 RS 触发器 74LS279

2）CMOS 集成 RS 触发器 CC4043。CC4043 中集成了 4 个基本 RS 触发器，其逻辑符号如图 12.13 所示。

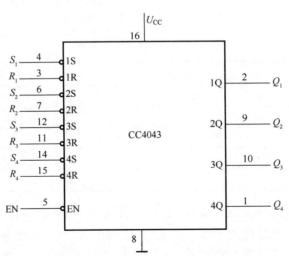

图 12.13　CC4043 引出端功能图

2. 同步 RS 触发器

（1）同步时钟触发器

基本 RS 触发器具有置"0"和置"1"的功能，这种功能直接受输入信号控制，只要输入信号变化，输出就随之改变，也就是说，只要 R_D 或 S_D 到来，基本 RS 触发器随之翻转，这在实际应用中会有许多不便。在一个由多个触发器构成的电路系统中，希望触发器能按一定的时间节拍协调工作。为此，我们希望有这样一种触发器，它在一个时钟脉冲信号 CP 的控制下翻转，没有 CP 就不翻转，CP 来到后才翻转。至于翻转成何种状态，则由触发器的数据输入端决定，或根据触发器的真值表决定。这种在时钟控制下翻转，而翻转后的状态由翻转前数据端的状态决定的触发器，就是同步 RS 触发器。

（2）同步 RS 触发器的结构和原理

最简单的时钟 RS 触发器如图 12.14（a）所示。它由四个与非门组成。当 CP = 0 时，C、D 与非门被封锁，此时无论 R、S 输入什么，输出均保持前一时刻的输出状态；只有当 CP = 1 时，C、D 与非门才打开，输出信号受 R、S 控制，其逻辑功能如表 12.3 所示。

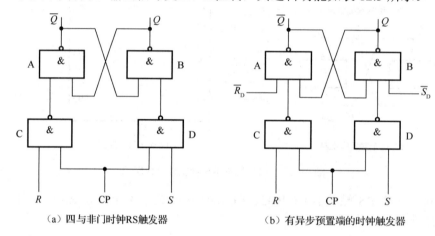

（a）四与非门时钟RS触发器　　　　　　　（b）有异步预置端的时钟触发器

图 12.14　同步 RS 触发器的结构

表 12.3　同步 RS 触发器的逻辑功能表

CP 脉冲	R	S	Q^{n+1}	逻辑功能
CP = 1	0	0	Q^n	保持
	0	1	1	置1
	1	0	0	置0
	1	1	不定	不允许
CP = 0	×	×	Q^n	保持

图 12.14（a）所示的触发器还可以有单独的直接置"0"端和直接置"1"端，如图 12.14（b）所示，即 $\overline{R}_D$ 和 $\overline{S}_D$ 端，通过这两端的基本 RS 触发器的置"0"作用和置"1"作用不受时钟的控制，而通过 R 或 S 端的置"0"或置"1"作用必须有时钟参与。所以，我们称通过 $\overline{R}_D$ 或 $\overline{S}_D$ 端的置"0"或置"1"作用是异步的、直接的；而通过 R 或 S 端的置"0"或置"1"作用必须有时钟参与，是同步的。

同步 RS 触发器的逻辑符号如图 12.15 所示。

（3）空翻现象

图 12.15 所示的同步 RS 触发器有不完善的地方，即有空翻现象。在一次时钟来到期间触发器多次翻转的现象称为空翻。如图 12.16 所示，在 CP=1 期间，时钟对 C 门和 D 门的封锁作用消失，数据端 R 和 S 的多次变化就会通过 C 门和 D 门到达基本 RS 触发器的输入端，造成触发器在一次时钟期间的多次翻转，这违背了构造同步 RS 触发器的初衷。每来一次时钟，最多允许触发器翻转一次；若发生多次翻转，电路会发生状态的差错，因而是不允许的。

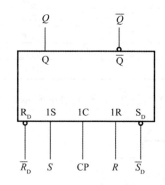

图 12.15　同步 RS 触发器的逻辑符号

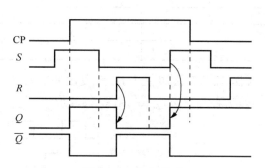

图 12.16　空翻波形

*3. JK 触发器

JK 触发器是一种功能较完善、应用很广泛的双稳态触发器，它很好地解决了 RS 触发器的空翻和状态不定的问题。图 12.17 所示是一种典型结构的 JK 触发器——主从 JK 触发器。它由两个可控 RS 触发器串联组成，分别称为主触发器和从触发器。J 和 K 是信号输入端。时钟 CP 控制主触发器和从触发器的翻转。

（1）主从 JK 触发器的逻辑符号

主从 JK 触发器简称 JK 触发器，其逻辑图和逻辑符号分别如图 12.17 和图 12.18 所示。

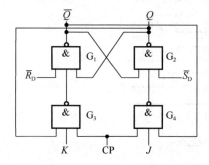

图 12.17　主从 JK 触发器的逻辑图

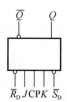

图 12.18　主从 JK 触发器的逻辑符号

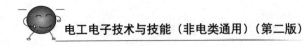
（2）主从 JK 触发器的工作原理

当 CP=0 时，主触发器状态不变，从触发器的输出状态与主触发器的输出状态相同。

当 CP=1 时，输入 J、K 影响主触发器，而从触发器状态不变。当 CP 从 1 变为 0 时，主触发器的状态传送到从触发器，即主从触发器是在 CP 下降沿到来时才使触发器翻转的。

主从 JK 触发器的逻辑功能表如表 12.4 所示。

表 12.4　主从 JK 触发器的逻辑功能表

J	K	Q^{n+1}	说明
0	0	Q^n	保持
0	1	0	置0
1	0	1	置1
1	1	$\overline{Q^n}$	翻转

【例 12.3】已知主从 JK 触发器的输入 J、K 和时钟 CP 的波形如图 12.19 所示。设触发器初始状态为 0 态，试画出 Q 的波形。

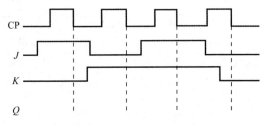

图 12.19　J、K 和时钟 CP 的波形

解：第一个 CP 下降沿到来之前，$J=1$，$K=0$，触发后 Q 端为 1 态。

第二个 CP 下降沿到来之前，$J=0$，$K=1$，触发后 Q 端翻转为 0 态。

第三个 CP 下降沿过后，触发器翻转，$Q=1$。

第四个 CP 过后，Q 仍为 1。

Q 的波形如图 12.20 所示。

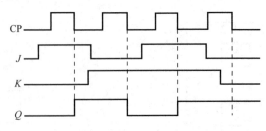

图 12.20　例 12.3 输出波形

*4. D 触发器

D 触发器是一种应用广泛、电路结构简单的触发器，其逻辑图如图 12.21 所示，逻辑符号如图 12.22 所示。CP 脉冲前没有小圆圈，表示 CP 脉冲正跳变时输出信号发生变化。

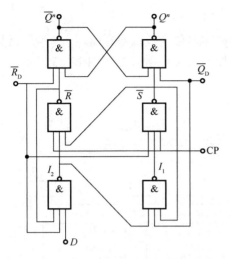

图 12.21　D 触发器的逻辑图

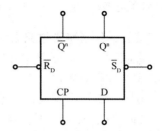

图 12.22　D 触发器的逻辑符号

读一读

触发器的选用

在 CP 有效沿到来时，如果 $D=0$，则触发器被置 0；反之，如果 $D=1$，则触发器被置 1，而且，一旦维持阻塞作用产生，D 信号就失去了控制作用。此种触发器是 CP 上升沿有效，且不会产生空翻。其逻辑功能表如表 12.5 所示。

表 12.5　D 触发器的逻辑功能表

CP 脉冲	D	Q^n	Q^{n+1}	逻辑功能
	0	0	0	置0
CP = 1	0	1	0	置0
	1	0	1	置1
	1	1	1	置1

12.2.3　寄存器

具有存储数码或信息功能的逻辑电路称为寄存器。按照功能的不同，寄存器可分为基本寄存器和移位寄存器两大类。基本寄存器只能并行送入数据，需要时也只能并行输出。移位寄存器中的数据可以在移位脉冲作用下依次逐位右移或左移，数据既可以并行输入、并行输出，也可以串行输入、串行输出，还可以并行输入、串行输出，串行输入、并行输出，十分灵活，用途也很广。

关键与要点

寄存器至少具备以下四种功能：

1）清除数码：将寄存器中的原有数码清除。

2）接收数码：在接收脉冲作用下，将外输入数码存入寄存器中。

3）存储数码：在没有新的写入脉冲到来之前，寄存器能保存原有数码不变。

4）输出数码：在输出脉冲作用下，才能通过电路输出数码。

1. 数码寄存器

仅具有接收、存储和清除原来所存数码功能的寄存器称为数码寄存器，一个触发器只能存储 1 位二进制数码，若要存储 n 位二进制数码，则需要 n 位触发器。图 12.23 所示为 4 个 D 触发器组成的 4 位数码寄存器。

当 $R_D = 0$ 时，实现清零功能，$Q_3Q_2Q_1Q_0 = 0000$。

当 $R_D = 1$ 时，CP 脉冲上升沿到来，实现数码存入功能，$Q_3Q_2Q_1Q_0 = A_3A_2A_1A_0$。

当 $R_D = 1$ 时，输出清零脉冲未到，触发器输出不变，实现寄存功能。

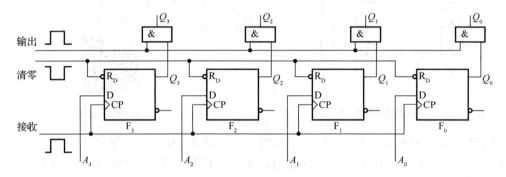

图 12.23　4 位数码寄存器

2. 移位寄存器

移位寄存器不但可以寄存数码，而且在移位脉冲作用下寄存器中的数码可根据需要向左或向右移动一位。

（1）单向移位寄存器

1）左移寄存器。左移寄存器的结构特点：右边触发器的输出端接左邻触发器的输入端。图 12.24 所示是由 JK 触发器组成的 4 位左移寄存器。

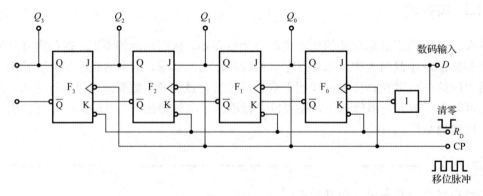

图 12.24　4 位左移寄存器

2）右移寄存器。右移寄存器的结构特点：左边触发器的输出端接右邻触发器的输入端。图 12.25 所示是由 D 触发器组成的 4 位右移寄存器。

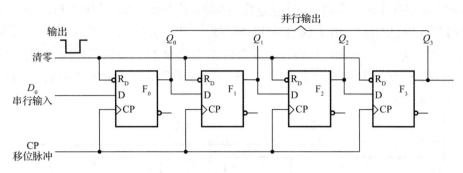

图 12.25　4 位右移寄存器

（2）双向移位寄存器

在移位脉冲作用下数码既能左移又能右移的移位寄存器，称为双向移位寄存器。图 12.26 所示是一块集成芯片双向移位寄存器 74HC194。

74HC194 双向移位寄存器的 7 脚和 2 脚分别是左移和右移串行输入。3～6 脚是并行输出端。

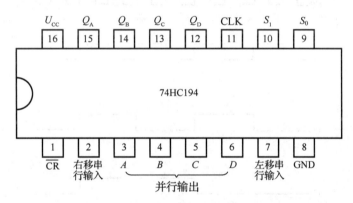

图 12.26　双向移位寄存器 74HC194

■12.2.4　计数器

统计输入脉冲个数称为计数，具有计数功能的电路称为计数器。计数器的应用十分广泛，它是电子计算机和数字设备中重要的基本部件。计数器的种类很多，按触发方式可分为异步和同步两种；按计数容量可分为二进制计数器和非二进制计数器两种；按计数增减趋势可分为加法计数器、减法计数器和既能做加法又能做减法的可逆计数器三种。

1. 二进制加法计数器

若计数脉冲不是同时加到各个触发器上，各个触发器的翻转有先后顺序，则这样的计数器称为异步计数器；若计数脉冲同时加到各个触发器的输入端，则称为同步计数器。

（1）异步二进制加法计数器

图 12.27 所示是一个由 3 位下降沿触发的由 JK 触发器组成的异步二进制加法计数器电

路。工作时，先将各个触发器置 0，使 $Q_2Q_1Q_0 = 000$。计数脉冲 CP 作用于 FF_0，触发器 FF_0 的状态如图 12.28 中 Q_0 所示。由于 Q_0 作为 FF_1 的时钟脉冲，当 Q_0 由 1 变为 0 时，FF_1 向相反的状态翻转一次。Q_1 作为 FF_2 的时钟脉冲，每当 Q_1 由 1 变为 0 时，FF_2 向相反的状态翻转一次。而当低位触发器的状态由 0 变为 1 时，高一位触发器收到正跳变脉冲而不翻转。Q_1、Q_2 的波形如图 12.28 所示。

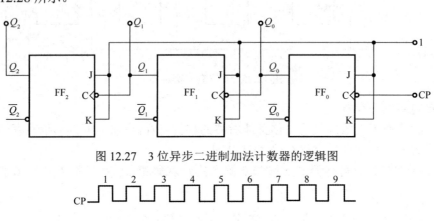

图 12.27　3 位异步二进制加法计数器的逻辑图

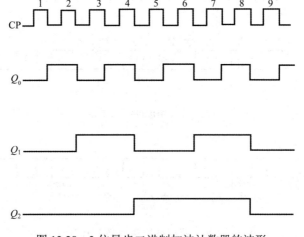

图 12.28　3 位异步二进制加法计数器的波形

关键与要点

　　由二进制加法计数器的波形还可以看出，每经一级触发器，输出脉冲的周期就增加一倍，频率减少一半，于是从 Q_0 端引出的波形为二分频，从 Q_1 端引出的波形为四分频，从 Q_2 端引出的波形为八分频。因此，计数器也常用作分频器。

（2）同步二进制加法计数器

图 12.29 所示的逻辑符号就是 4 位同步二进制加法计数器的逻辑图。

2．十进制计数器

在日常生活和生产中，人们更习惯于使用十进制数，所以在某些场合下会用到十进制计数器。图 12.30 所示是 4 位同步十进制加法计数器的逻辑图，它是在 4 位同步二进制加法计数器的基础上改进而来的。

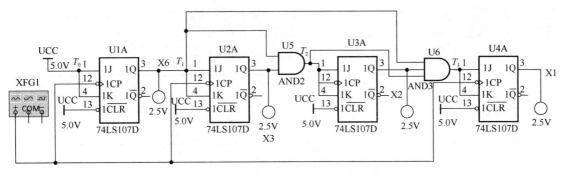

图 12.29 4 位同步二进制加法计数器的逻辑图

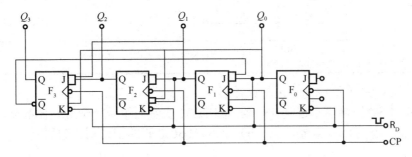

图 12.30 4 位同步十进制加法计数器的逻辑图

3. 集成计数器

在实际应用中，一般不直接由触发器来组成计数器，而使用集成计数器。

集成计数器的种类很多，一般功能都比较完善。这里通过分析 74LS290 的逻辑功能和扩展方法，建立起对集成计数器产品构成和应用的初步认识。

（1）74LS290 计数器的逻辑符号

常用异步集成计数器 74LS290 是异步二-五-十进制计数器，图 12.31 所示为它的符号图和引脚排列。其中，S_{91}、S_{92} 称为置"9"端，R_{01}、R_{02} 称为置"0"端；CP_0、CP_1 端为计数时钟输入端，Q_3、Q_2、Q_1、Q_0 为输出端，NC 表示空脚。

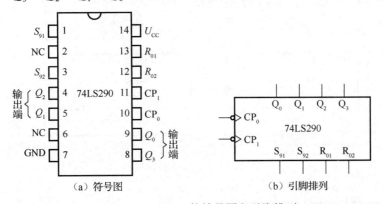

图 12.31 74LS290 的符号图和引脚排列

74LS290 包含一个独立的 1 位二进制计数器和 1 个独立的异步五进制计数器。二进制计数器的时钟输入端为 CP_0，输出端为 Q_0；五进制计数器的时钟输入端为 CP_1，输出端为 Q_1、

Q_2、Q_3；如果将 Q_0 与 CP_1 相连，CP_0 作时钟脉冲输入端，$Q_0 \sim Q_3$ 作输出端，则为 8421BCD 码十进制计数器。74LS290 计数器的功能表如表 12.6 所示。

表 12.6 74LS290 计数器的功能表

输入				输出			
R_{01}	R_{02}	S_{91}	S_{92}	Q_0	Q_1	Q_2	Q_3
1	1	0	×	0	0	0	0
1	1	×	0	0	0	0	0
×	×	1	1	1	0	0	1
×	0	×	0	计数			
0	×	0	×				
0	×	×	0				
×	0	0	0				
外部接线	①将 Q_0 接 CP_1，执行 8421BCD 码 ②将 Q_3 接 CP_0，执行 5421BCD 码			说明："×"代表"不定"			

（2）用 74LS290 连接成任意进制计数器

1）用 74LS290 连接成十进制计数器。图 12.32 表示出了两个十进制计数器，其中图（a）为 8421BCD 码的十进制计数器，图（b）是 5421BCD 码的十进制计数器。

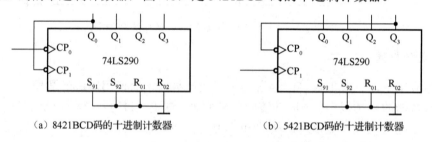

（a）8421BCD码的十进制计数器   （b）5421BCD码的十进制计数器

图 12.32 十进制计数器

2）用 74LS290 连接成十六进制计数器。为了得到计数容量较大的计数器，可以将两个以上的计数器串联起来使用。例如，把一个六进制计数器和一个十进制计数器串联起来，就构成了一个十六进制计数器，如图 12.33 所示。

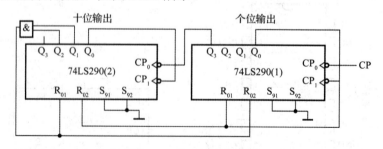

图 12.33 十六进制计数器

*12.2.5 集成 555 定时器及其应用

集成 555 定时器是模拟功能和数字逻辑功能相结合的一种双极型中等规模集成器件，外加电阻器、电容器可以组成性能稳定而精确的多谐振荡器、单稳态电路和施密特触发器等，应用十分广泛。555 定时器的原理框图、外引线排列图和实物图如图 12.34 所示，555 是由上、下两个电压比较器，三个 $5k\Omega$ 电阻器，一个 RS 触发器，一个放电晶体管 VT 及功率输出级组成的，其基本功能如表 12.7 所示。

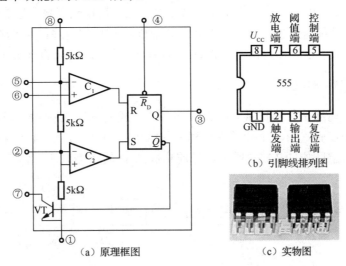

图 12.34　555 定时器的原理框图、引脚线排列图和实物图

表 12.7　555 定时器的基本功能

输入			输出	
阈值输入 ⑥	触发输入 ②	复位 ④	输出 ③	放电管 VT ⑦
×	×	0	0	导通
$< 2U_{CC}/3$	$< U_{CC}/3$	1	1	截止
$> 2U_{CC}/3$	$> U_{CC}/3$	1	0	导通
$< 2U_{CC}/3$	$> U_{CC}/3$	1	不变	不变

555 定时器的应用很广泛，常用的有单稳态电路和多谐振荡器两种，图 12.35 所示为这两种电路的电路结构。

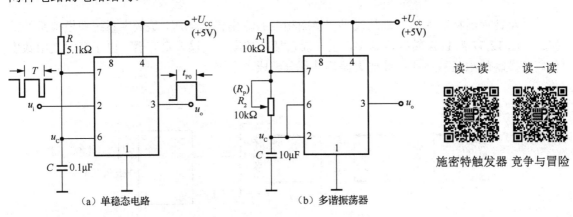

读一读　　读一读

施密特触发器　竞争与冒险

图 12.35　555 定时器的应用

读者可试着完成教材"第五部分"的"实训项目 7"。

*12.2.6 模/数转换器与数/模转换器

随着数字化产品的广泛应用，模拟量和数字量的相互转换也变得十分重要。将数字信号转换为相应的模拟信号称为数/模（D/A）转换，实现 D/A 转换的电路称为 D/A 转换器；将模拟信号转换为相应的数字信号称为模/数（A/D）转换，实现 A/D 转换的电路称为 A/D 转换器。

1. 模/数（A/D）转换器

A/D 转换器的功能是将模拟量转换为数字量，一般的 A/D 转换过程要经过采样、保持、量化和编码这四个步骤。前两个步骤在采样→保持电路中完成，后两个步骤在 A/D 转换器中完成。转换的示意图如图 12.36 所示。目前集成 A/D 转换器较多，常用的有 8 位和 10 位 A/D 转换器。

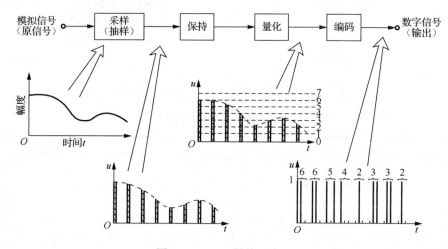

图 12.36　A/D 转换示意图

2. 数/模（D/A）转换器

D/A 转换器将输入的二进制代码转换成相应的输出模拟电压，是数字系统和模拟系统的接口。图 12.37 为 D/A 转换示意图，它一般包括基准电压、输入寄存器、电子开关及由数字代码所控制的电阻网络和运算放大器等几部分组成。

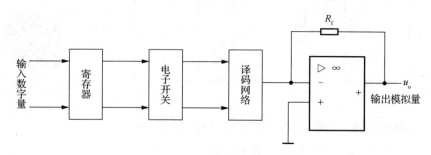

图 12.37　D/A 转换示意图

思考与练习

简答题

1. 组合逻辑电路的分析步骤有哪些?

2. 分析图 12.38 所示逻辑电路图的功能。

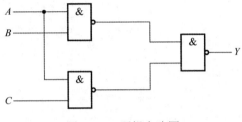

图 12.38　逻辑电路图

3. 简述编码器的编码过程。

4. 简述译码器的译码过程。

5. 基本 RS 触发器的逻辑功能有哪些? 该触发器有哪些缺点?

6. 同步 RS 触发器的逻辑功能比基本 RS 触发器有哪些改进?

7. JK 触发器的逻辑功能是什么? 为什么说它的功能是最完善的?

8. 计数器的主要作用有哪些?

第五部分

实 训 项 目

<table>
<tr><td>实训
项目</td><td>**1**</td><td>万用表的使用</td></tr>
</table>

实训目的　熟悉万用表的使用方法，学会用万用表测量电压、电流和电阻。

实训器材　机械式万用表 1 块，数字式万用表 1 块，电阻器若干，1.5V 干电池 4 节，导线
　　　　　若干。

实训任务

　　先测量电阻 R_1，再按实训图 1.1 接好电路，测量电阻器与 2、3、4、5 端子连接状
态下的电流和电压，将结果填入实训表 1.1；将 R_1 换成 R_2（实训图 1.2），重复上述实验，
将结果填入实训表 1.2。

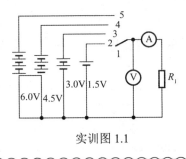

实训图 1.1

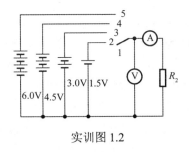

实训图 1.2

实训任务 1　了解万用表的使用方法

1. 仔细了解万用表

万用表分为机械式万用表和数字式万用表，如实训图 1.3 所示。

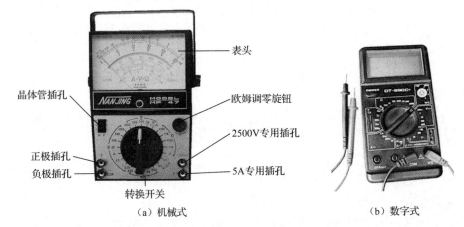

晶体管插孔　　　　　　　　　　　　表头

　　　　　　　　　　　　　欧姆调零旋钮

　　　　　　　　　　　　　2500V专用插孔

正极插孔　　　　　　　　　　　　5A专用插孔

负极插孔

转换开关

（a）机械式　　　　　　　　　（b）数字式

实训图 1.3　常见的万用表

无论哪种万用表，它的基本结构都是将电压表、电流表、欧姆表及其他相关仪表的功能集中在一起，万用表能够测量电压、电流、电阻值、电容、电感、电平等基本电气参数。

（1）表盘

表盘为组合刻度盘，如实训图1.4所示。

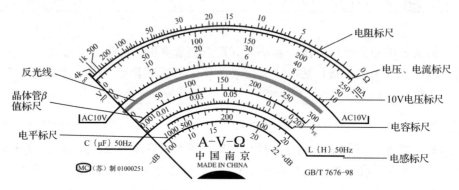

实训图1.4　MF-47型万用表表盘

（2）万用表的转换开关

MF-47型万用表的转换开关（又称为量程选择开关）在面板下方正中，如实训图1.5所示。上面的旋钮用于选择测量项目和量程。测量时根据自己要测量的电气参数和所选择的量程（如直流电压、直流电流所选量程）将开关扳到相应挡位即可。如果不知道被测量的大小，应先从最大量程测起，若指针偏转角度太小，再逐次换到小的量程。

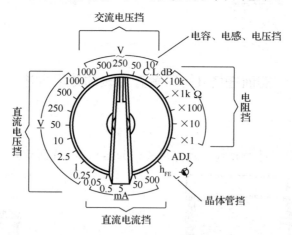

实训图1.5　MF-47型万用表转换开关

2. 基本操作方法

（1）万用表的读法

将万用表水平放置，使指针与反射镜上的影像重合，从正上方观察读数，如实训图1.6所示。

（2）确定量程

当不清楚测量值的范围时，先调整到最高量程，然后一个量程一个量程地下调，如实训

图 1.7 所示。

（3）调整万用表的机械零点位置

用一字螺钉旋具进行调整，使指针与表头的零点重合，如实训图 1.8 所示。

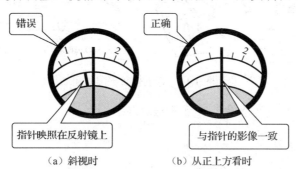

实训图 1.6　万用表的读数技巧

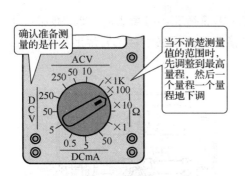

实训图 1.7　确定万用表的量程

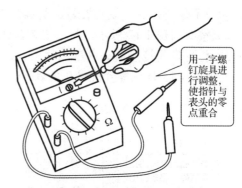

实训图 1.8　调整机械零点位置

3. 电阻的测量方法

1）确认万用表在机械零点。

2）设定电阻挡的量程：选择适当的电阻倍率（实训图 1.9），使指针在刻度中间附近，最好不使用刻度左边三分之一的部分，该部分刻度密集会使测量结果不准确。

3）调整零欧姆：先将表笔搭在一起短路，使指针向右偏转，随即调整"Ω"调零旋钮，使指针恰好指到电阻标尺上的"0"分度值处，如实训图 1.10 所示。

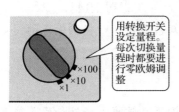

实训图 1.9　电阻量程

实训图 1.10　调整零欧姆

读一读

万用表的使用注意事项

4）用表笔接触电阻器引线，如实训图 1.11 所示。

实训图 1.11　表笔接触电阻器引线

5）读数：标尺上的分度值乘上电阻量程的倍率。

4. 直流电压的测量方法

测量电压时，万用表应并联在电路中，并且极性要一致。

1）选择直流电压量程，调整测量范围。如果知道被测值，就将测量范围设定得比该值大；如果不知道，就先设定在最大量程。

2）按实训图 1.12 所示，将红表笔插入万用表的⊕极插孔，将黑表笔插入⊖极插孔上。

3）将红表笔接触欲测电压端的正极，黑表笔接负极，根据指针位置读出刻度数据。

实训图 1.13 是测量直流电压的例子。

实训图 1.12　接触表笔

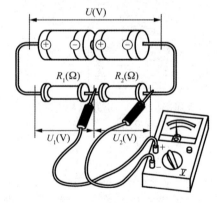

实训图 1.13　直流电压的测量

5. 直流电流的测量

测量电流时，应将万用表串联在电路中，并且极性要一致（实训图 1.14）。

1）调整到直流电流测量量程，调整测量范围。如果已知被测值，则将测量范围设定得比该值大；如果不知道，就先设定在最大量程。

2）按实训图 1.14 所示方法，将表笔串联在电路中。

3）根据指针位置读出数据。

4）当指针摆动较小时，转换量程，使指针摆动到中央附近（注意：转换量程不能在测量中进行）。

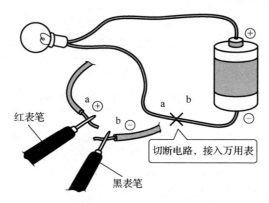

实训图 1.14 直流电流的测量

实训任务 2 用万用表测量电阻

本实训任务的操作步骤如下:

1)用机械式万用表测量电阻 R_1,记录在实训表 1.1 中。

2)用数字式万用表测量电阻 R_2,记录在实训表 1.2 中。

3)按实训图 1.1 连接电路。

4)调整实训图 1.1 中的选择开关,读出每次调整的电路电压与电流值,并记录在实训表 1.1 中。

5)将实训图 1.1 中的 R_1 换成 R_2,重复步骤 4),并记录在实训表 1.2 中。

6)使用测量数据画图。

实训表 1.1 R_1 的记录

端子编号	1	2	3	4	5
U / V					
I / A					
$R_1 =$					

实训表 1.2 R_2 的记录

端子编号	1	2	3	4	5
U / V					
I / A					
$R_2 =$					

实训结论

关键与要点

本实训的关键：

1）实训前必须反复熟悉万用表的使用方法。千万不能用错，否则严重时可能烧坏仪表。

2）测交流电压时，千万要小心，不能用错挡位，手不能接触万用表表笔的金属部分，否则会有生命危险。

实训成绩评定（实训表 1.3）

实训表 1.3　实训成绩评定表

评定内容	配分	评定标准		自评得分	教师评分
表现、态度	10	表现好，得 10 分；表现较好，得 7 分；表现一般，得 4 分；表现差，得 0 分			
人身、设备、器材安全、用料节约	10	人身、设备、器材安全、用料节约，得 10 分；出现安全事故、有浪费行为，酌情扣分			
万用表测电阻	40	量程选择（10分）	选择正确，得 10 分；错误一次扣 5 分，扣完为止		
		电阻挡调零（10分）	操作正确，得 10 分；不调零，扣 10 分，错误一次扣 5 分；扣完为止		
		测试方法（10分）	方法正确，得 10 分；错误一次扣 5 分，扣完为止		
		正确读数（10分）	读数正确，得 10 分；错误一次扣 5 分，扣完为止		
万用表测电压	20	量程选择（5分）	选择正确，得 5 分；错误一次扣 5 分，扣完为止		
		测试方法（10分）	方法正确，得 10 分；错误一次扣 5 分，扣完为止		
		正确读数（5分）	读数正确，得 5 分；错误一次扣 5 分，扣完为止		
万用表测电流	20	量程选择（5分）	选择正确，得 5 分；错误一次扣 5 分，扣完为止		
		测试方法（10分）	方法正确，得 10 分；错误一次扣 5 分，扣完为止		
		正确读数（5分）	读数正确，得 5 分；错误一次扣 5 分，扣完为止		
总分					

实训日期：　　年　　月　　日

实训目的 1. 了解照明电路配电板的组成，了解电能表、开关、保护装置等器件的外部结构、性能和用途。

2. 会安装照明电路配电板。

实训工具 钢丝钳、尖嘴钳、电工刀、电烙铁（带电烙铁支架、焊锡、松香适量）每人 1 套，万用表 1 块。

实训器材 1. 照明电路配电板的安装所需器材：单相电能表（4A 以下）、单相刀开关（2极 10A）、插入式熔断器（10A），0.28mm 的熔丝、配电板 300mm×250mm×15mm（木质或硬塑料配电板）、100W/220V 照明灯泡（带灯头）各 1 个；2.5mm BLV 导线适量；两极端子排 2 个；木螺钉 6 颗。

2. 荧光灯电路的安装及故障排除所需器材：电工木板、荧光灯管、荧光灯配套灯座、镇流器、启辉器、启辉器座、电源平开关各 1 个；BVS 两色导线适量；MF-47 型万用表 1 块；试电笔，大小一字、十字螺钉旋具，钢丝钳，剥线钳，电工刀。

实训任务

如实训图 2.1 所示，电能表通常与开关、熔断器等配电装置一起安装在结实的木板、硬塑料板或金属配电板上，并垂直固定在墙壁上（不垂直会影响计数的准确性），下边缘离地面高度不得低于 1.5m。

单相电能表的接线要求如实训图 2.2 所示。在仪表下方有一个专供接线的金属盒，盒内有四个接线插孔，从左至右编号依次为 1、2、3、4。其中，1 为相线进，2 为相线出，3 为中性线进，4 为中性线出。

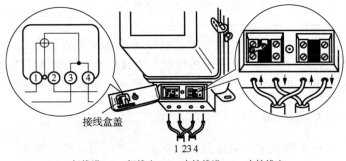

接线盒盖

1—相线进；2—相线出；3—中性线进；4—中性线出。

1 2 3 4

实训图 2.1 实训安装的照明电路配电板

实训图 2.2 单相电能表接线图

实训任务1　认识照明配电板的组成部件

1. 认识单相电能表

单相电能表如实训图 2.3 所示。

2. 认识刀开关

在家用配电板上，刀开关主要用于控制用户电路的通断。通常用 5A、10A、20A、40A 等的二极开启式开关熔断器组，如实训图 2.4 所示。

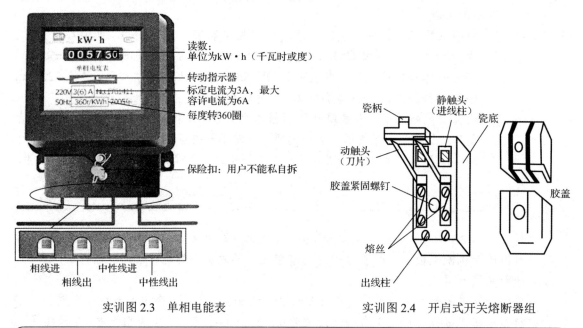

实训图 2.3　单相电能表　　　　　实训图 2.4　开启式开关熔断器组

> **注意：** 安装刀开关时，瓷柄要朝上，不能倒装，也不能平装，以避免刀片及瓷柄因自重下落，引起误合闸，造成事故。

刀开关底座上端有一对接线柱与静触头相连，规定接电源进线，左边接相线，右边接中性线；底座下端也有一对接线柱，通过熔丝与动触头（刀片）相连，规定接电源出线。这样，当拉下刀开关时，刀片和熔丝均不带电，装换熔丝比较安全。

3. 熔断器

熔断器在电路短路和过载时起保护作用。家用配电板多用插入式小容量熔断器，由瓷底和插件两部分组成，如实训图 2.5 所示。熔断器的额定电流应与刀开关配套。

> **注意：** 插入式熔断器必须垂直于地面安装，不能横装或斜装。

用于保护电器的熔断器应安装在总开关的后面；用于电路隔离的熔断器应安装在总开关

的前面。

目前，在家用配电板的安装上提倡使用断路器，因其具有过电流保护、短路保护及漏电保护等功能。使用断路器可省去熔断器，安装更为方便，但价格相应较高。

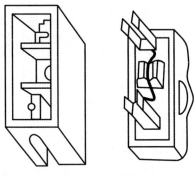

实训图 2.5　插入式熔断器

4. 配电板

市售木质或硬塑料照明电路配电板，大小以能容纳电能表、刀开关和熔断器在其上按安全距离布局为宜。

实训任务 2　安装照明电路配电板

1. 检查配电板上器材

检查配电板及其上所用的器材，并将相关内容记入实训表 2.1 中。

实训表 2.1　配电板上器材检查记录

配电板（木板或塑料板）				电能表			刀开关		熔断器	
长/cm	宽/cm	厚/cm	材料	型号	规格	转数/(kW·h)	型号	规格	型号	规格

2. 安排及安装配电板面器材

照明配电板结构比较简单，电能表一般装在板面的左边或上方，刀开关装在右边或下方。

（1）在配电板上排列仪表和器件的原则

1）面板上方排测量仪表，各回路的仪表、开关、熔断器互相对应。

2）各部件安装在配电板上，其位置应整齐、匀称，间距及布局合理。

将电能表、刀开关、熔断器的位置确定之后，用铅笔做上记号，按实训图 2.6 所示将接线图绘制在配电板上。

（2）在配电板上安装元器件的工艺要求

1）在配电板上要按预先的设计进行元器件的安装，元器件安装位置必须正确，倾斜度不超过 1.5～5mm，同类元器件安装方向必须保持一致。

2）元器件安装牢固，稍加用力摇晃应无松动感。

3）文明安装、小心谨慎，不得损伤、损坏器材。

（3）固定元器件

使用电工工具将电能表、刀开关、熔断器及接线端子排等有关元器件固定在配电板上。

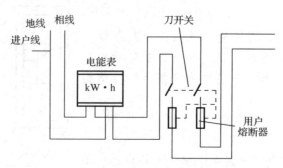

实训图 2.6　照明配电板接线图

3. 连接线路

1）选择导线的型号及规格（截面面积）。

2）线路敷设工艺要求如下：

① 按实训图 2.6 施工，配线完整、正确，不多配、少配或错配。

② 配线长短适度，线头在接线柱上压接不得压住绝缘层，压接后裸线部分不得大于 1mm；线头连接要求如实训图 2.7 所示。

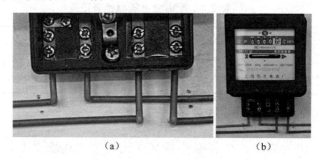

（a）　　　　　　　　　　（b）

实训图 2.7　线头压接工艺

③ 凡与有垫圈的接线柱连接，线头必须做成压线圆圈（俗称羊眼圈），且羊眼圈略小于垫圈。

④ 线头压接牢固，稍用力拉扯不应有松动感。

⑤ 走线横平竖直，分布均匀。转角呈 90°，弯曲部分自然圆滑，弧度全电路保持一致；转角控制在 90°±2° 以内。

⑥ 长线沉底，走线成束。同一平面内不允许有交叉线。必须交叉时应在交叉点架空跨越，两线间距不小于 2mm。

⑦ 上墙时配电板应安装在不易受震动的建筑物上，板的下缘离地面 1.5～1.7m。

安装完工的照明电路配电板如实训图 2.1 所示。

4. 通电试验

1）在刀开关上装上 0.28mm 的熔丝，仔细检查线路是否正确，可用万用表检查电源输入、输出电阻值，判断是否短路（测量值为电能表电压线圈阻值），以及线路是否连通。

2）在刀开关后面由端子排接上一个 100W 的白炽灯泡，将配电板垂直地面并固定。

3）通电进行观察，将相关内容填入实训表 2.2 中。

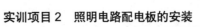

实训表 2.2　配电板实训数据

项目	内容	
导线	型号：＿＿＿＿＿＿	规格：＿＿＿＿＿＿
电能表	型号：＿＿＿；量程：＿＿＿；接线盒进出线编号与接线规律：＿＿＿＿＿＿＿＿＿＿＿＿＿	
熔丝	配电板所带电阻性负载为 1000W，则选择的熔丝规格为＿＿＿＿＿＿＿比较合适	
通电试验	合上刀开关后灯泡发光是否正常：＿＿＿＿	电能表 1min 内铝盘的转数：＿＿＿＿＿转

实训目的　学会安装三相负载星形连接电路，观察该电路有、无中性线时的运行情况，测量其相关数据并进行比较。

实训器材　成套不对称负载电路板（板上装 500W、300W、100W 连座灯泡各 1 个，开关 4 个）、钳形电流表、万用表、钢丝钳、一字和十字螺钉旋具、电工刀，软导线适量。

实 训 操 作

1. 安装电路板

由学生分组按实训图 3.1 所示电路图安装三相不对称负载电路板（实训图 3.2）。

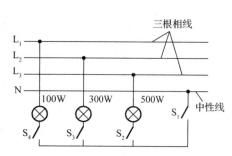

实训图 3.1　三相不对称负载星形连接电路　　　实训图 3.2　三相不对称负载星形连接实训电路板

2. 三相不对称负载星形连接电压、电流的测量

如实训图 3.2 所示，电路板上的不对称负载由 500W、300W、100W 三个白炽灯泡组成。三个灯泡的供电线路和中性线都装有开关，从左至右依次是三根相线开关和中性线开关。在该电路板上进行以下三种数据的测量。

1）所有开关闭合时，测量三相线电压、相电压、线电流和中性线电流，并将测量数据记入实训表 3.1 中。

2）断开中性线开关，测量三相线电压、相电压、线电流和中性线电流，并将测量数据记入实训表 3.1 中。

3）断开中性线开关和 500W 灯泡开关，测量三相线电压、相电压、线电流和中性线电流，并将测量数据记入实训表 3.1 中。

根据实训表 3.1 中记录的数据分析三相不对称负载中性线的作用，并解释中性线上不能安装开关、熔断器的道理。

注意事项：实验使用的是 380V 电源，切记注意安全。

实训表 3.1　三相不对称负载星形连接测量数据

项目	线电压/V			相电压/V			线电流/A			中性线电流
	U_{UV}	U_{VW}	U_{WU}	U_U	U_V	U_W	I_U	I_V	I_W	I_N/A
有中性线										
无中性线										
无中性线且断开 500W 灯泡的开关										

实验结果分析：

实训成绩评定（实训表 3.2）

实训表 3.2　实训成绩评定表

评定内容	配分	评定标准	自评得分	教师评分
表现、态度	10	表现好，得 10 分；表现较好，得 7 分；表现一般，得 5 分；表现差，0 分		
人身、器材安全	10	全部正常，得 10 分，出现事故酌情扣分		
连接电路板线路	20	连接正确、符合要求，得 20 分；有失误酌情扣分		
测试中性线开关闭合时的数据	20	共 10 个数据，每个数据 2 分，有失误酌情扣分		
测试中性线开关断开时的数据	20	共 10 个数据，每个数据 2 分，有失误酌情扣分		
测试中性线开关和 500W 灯泡开关同时断开时的数据	20	共 10 个数据，每个数据 2 分，有失误酌情扣分		
总分				

实训日期：　　年　　月　　日

实训目的　1. 会用兆欧表检测变压器与三相交流异步电动机绕组的绝缘电阻。

　　　　　2. 会用钳形电流表检测三相交流异步电动机绕组的空载电流。

　　　　　3. 会判断三相交流异步电动机绕组的首尾端。

实训器材　兆欧表、钳形电流表、万用表、变压器、三相交流异步电动机、电源线、干电池。

实训工艺、技术要求

　　1. 对电工仪表的使用一定要注意调零、平放、防震动等细节。同时在读取刻度上的数据时要正视刻度，减小误差，正确计算数值。

　　2. 该实训使用的是 380V 动力电压，整个实训过程必须十分注意用电安全。在电动机通电过程必须有专人全程监护。

实训任务 1　用兆欧表测试变压器和三相交流异步电动机绕组的绝缘电阻

1. 兆欧表的检测

兆欧表的外形结构如实训图 4.1 所示。兆欧表与万用表和电桥不同，专用于测量高阻值电阻。测量范围为 1MΩ ~ 无穷大（∞），单位为兆欧（MΩ），兆欧表大量用于测量各类电路和设备的绝缘电阻。

1）开路检测：将兆欧表的接线端 L 与接线端 E 分开（两线不交叉），然后以 120 r / min 的速度转动手柄，此时兆欧表的指针读数应为∞（不为∞不能用），如实训图 4.2（a）所示。

2）短路检测：将兆欧表的接线端 L 与接线端 E 短接，然后缓慢转动手柄，此时兆欧表的指针读数应为 0（不为 0 不能用），如实训图 4.2（b）所示。

如果兆欧表在开路及短路检测中，指针读数都正常，说明兆欧表质量良好，可以进行后续测试。

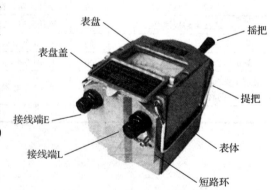

实训图 4.1　兆欧表的外形结构

2. 变压器一次/二次绕组绝缘电阻的测试

1）将兆欧表的接线端 L 接变压器的一次绕组，接线端 E 接变压器的二次绕组，如实训图 4.3 所示。

2）以 120r/min 的速度转动手柄，匀速转动 1min 后再读取兆欧表指针的数据。

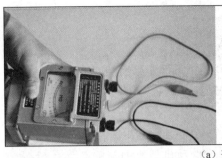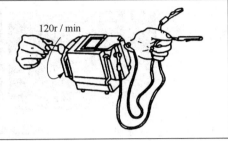

（a）开路检测

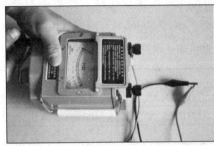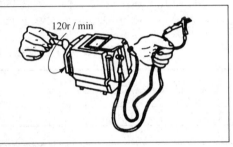

（b）短路检测

实训图 4.2　兆欧表的质量检测

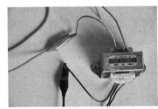

实训图 4.3　变压器一次/二次绕组绝缘电阻的测试

3.　电动机绕组与外壳间绝缘电阻的测试

1）将兆欧表的接线端 L 接电动机的某一个绕组端头，接线端 E 接电动机的金属外壳或电动机上的接地端（最好用鳄鱼夹），如实训图 4.4 所示。

实训图 4.4　电动机绕组与外壳间绝缘电阻的测试

2）以 120r/min 的速度转动手柄，匀速转动 1min 后再读取兆欧表指针的数据。

4.　电动机绕组与绕组间的绝缘电阻测试

1）将兆欧表的接线端 L 接电动机的某一个绕组端头，接线端 E 接电动机的另一个绕组端头（最好用鳄鱼夹），如实训图 4.5 所示。

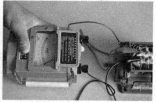

实训图 4.5　电动机绕组与绕组间的绝缘电阻测试

2）以 120 r/min 的速度转动手柄，匀速转动 1min 后再读取兆欧表指针的数据。

学生分组实训，并将实训所用设备相关情况及测试数据记入实训表 4.1 中。

实训表 4.1　变压器、电动机测试情况记录

兆欧表型号	变压器绕组之间的绝缘电阻		三相交流异步电动机绕组绝缘电阻						
			型号	绕组对地绝缘电阻/MΩ			绕组之间的绝缘电阻/MΩ		
	型号	绝缘电阻/MΩ		U 对地	V 对地	W 对地	UV 间	VW 间	WU 间

实训任务 2　用钳形电流表检测三相交流异步电动机的空载电流

用钳形电流表检测三相交流异步电动机空载电流的具体操作过程如下。

1		水平放置钳形电流表，并检查其指针是否处于"0"刻度处。如果未归零，应对其进行机械调零。 检查钳形电流表钳口是否接触紧密、无锈蚀和杂质等，如有异常，应尽量修复。
2		用三根较长的软导线连接电动机和三相电源，并做好导线的绝缘措施。 让电动机不带负载，然后给电动机供电，使其处于空载转动状态。
3		根据电动机的功率，大概估计电动机每根电源线中的电流值。 根据电源线的电流大小，拨动钳形电流表的电流挡位拨盘，选一个大于且接近估计电流值的挡位。 如果不能估计导线中的电流大小，则把电流挡位拨盘选到最大挡进行测量。

4 	打开钳形电流表的钳口，把一根电源线放入钳形电流表的窗口中心区域，然后关闭钳口。 观察此时钳形电流表指针的读数，如果指针的读数处于第一个大分度值（即分度值"1"）和最大分度值（即满偏分度值刻度"5"）之间，则电流为 $$电流 = \frac{指针读数 \times 量程}{满偏分度值}$$
5 	若指针右偏并偏出了满偏分度值，则说明测量量程过小。 此时应从钳形电流表中取出电源线，并拨动电流挡位拨盘到较大挡位。 然后把电源线放进钳形电流表的窗口中心区域测试，直到指针处于第一个分度值（即刻度"1"）和满偏分度值（即分度值"5"）之间为止。
6 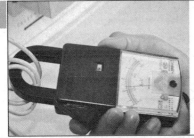	若钳形电流表已经拨到最小电流挡位，而指针还是基本不偏转或偏转没有超过第一个分度值（即刻度"1"），则说明导线中电流过小。 先把电源线从钳形电流表中取出，然后把电源线绕成 n 匝（ $n = 2, 3, 4, \cdots$ ）。 再把绕好的电源线放入钳形电流表进行测试。注意：在计算电流时，实际电流应为测试值再除以匝数 n。
7 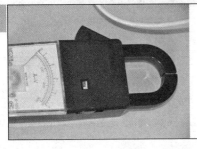	测试完成后，先从钳形电流表中取出电源线，然后关闭电动机电源，最后把钳形电流表的挡位拨到电流或电压挡的最高挡位处。

　　随着数字化技术的发展，钳形电流表中也有了操作、读数更方便的数字显示钳形电流表。数字显示钳形电流表的使用方法（实训图 4.6）与机械式钳形电流表相同，只是它的读数是直观的数字显示，不必再用公式计算。

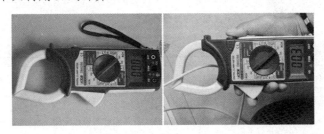

实训图 4.6　数字显示钳形电流表的操作示意图

学生分组实训，并将实训所用设备相关情况及测试数据记入实训表 4.2 中。

实训表 4.2　测试电动机空载电流实训记录

钳形电流表 型号	U 相		V 相		W 相	
	电流表量程	实测电流/A	电流表量程	实测电流/A	电流表量程	实测电流/A

实训任务 3　三相交流异步电动机绕组首尾端的判断

三相交流异步电动机绕组首尾端的判断具体的操作过程如下。

1		用万用表的电阻挡测三相交流异步电动机的 3 个绕组的 6 个接线端，并分别找出 3 个绕组，然后把每个绕组的两根线打一个结，对端头进行编号。
2		把电动机的某一相绕组的两个端头分别接到机械万用表的红、黑表笔上。同时把万用表挡位拨到直流电压的最小挡（即直流 0.25V 挡）。
3	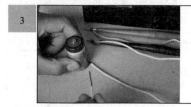	取电动机的第二相绕组连线，把其中的一根线端头先压接在干电池的负极上。然后拿第二个绕组余下的一个端头去压接干电池的正极。
4		在接通干电池的瞬间，同时查看万用表指针的偏转方向。若指针向电压零刻度的左边偏转，则接万用表红表笔的绕组端子与接干电池正极的绕组端子是同名端。
5		若指针向电压零刻度的右边偏转，则接万用表红表笔的绕组端子与接干电池负极的绕组端子是同名端。以上可以归纳为"左偏红对正，右偏红对负"。
6	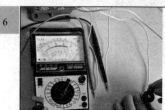	用同样的方法，判断第三个绕组的同名端。

在实训过程中应注意：

1）按照操作的要求，用万用表电阻挡在三相交流异步电动机的 6 根绕组端头中，先选择出三相绕组各相的两个端头，并按如下规则编号：选出的第一组两个端头分别为 1、2 号（假定为 U 相绕组），第二组两个端头分别为 3、4 号（假定为 V 相绕组），第三组两个端头分别为 5、6 号（假定为 W 相绕组）。

2）按照操作的要求检测三相绕组的同名端，如果定 U 相绕组的一个端子为首端，则它的同名端就分别为 V、W 相绕组的首端，它们的异名端则分别为三相绕组各自的尾端。然后将检测结果记入实训表 4.3 中。

实训表 4.3　三相交流异步电动机绕组首尾端判断实训记录

绕组端头			三相绕组同名端（填编号）	三相绕组异名端（填编号）	三相绕组首端		
U 相	V 相	W 相			U 相	V 相	W 相
1、2	3、4	5、6					

实训成绩评定（实训表 4.4）

实训表 4.4　实训成绩评定表

评定内容	配分	评定标准	自评得分	教师评分
表现、态度	9	表现好，得 9 分；表现较好，得 7 分；表现一般，得 5 分；表现差，得 0 分		
人身、器材安全	8	全部正常，得 8 分，出现事故酌情扣分		
测变压器绝缘电阻	8	方法和结果正确，得 8 分，有失误酌情扣分		
测电动机绝缘电阻	24	三相绕组对地绝缘电阻和相间绝缘电阻共 6 个，每个 4 分，有失误酌情扣分		
测电动机空载电流	15	三个，每个 5 分，有失误酌情扣分		
判断三相绕组首尾端	36	同名端、首端 9 个，每个 4 分		
总分				

实训日期：　　　年　　月　　日

实训项目 5 三相交流异步电动机基本控制电路的配线及安装

实训目的　　1. 熟悉安装电工板的基本顺序。
　　　　　　　　2. 领会电工板安装工艺基本原则。
　　　　　　　　3. 学会电工板的安装。

电工板的安装步骤与基本原则

　　1. 确定本次要安装的控制电路是什么，要达到什么样的功能，本控制电路要控制什么样的负载。

　　2. 根据控制电路选择对应的低压电器、导线、号码管、电工胶布等。

　　3. 在电工板上以交流接触器等核心元件为中心排布各个低压电器的位置，排布好后用螺钉固定各个低压电器。

　　4. 根据各个低压电器的排布布局，画出控制电路的接线图，并在接线图上标出号码管的序号。

　　5. 用电工工具对导线进行加工，然后在导线的端头套上对应的号码管，把导线按照电工工艺要求进行连接。

　　6. 对安装好的控制电路进行复查，进一步检查是否有漏接和错接。对没有达到工艺要求的导线进行修整或重接。

　　7. 接上电动机负载，然后接通三相电源，通电试车。对发现的问题及时处理。

　　如前所述，电工板的安装工艺是十分讲究的，通常要遵循实训表 5.1 中的基本原则。

实训表 5.1　电工板安装工艺基本原则

基本原则	详细解释
横平竖直	导线在排布时只能在水平面上横向和纵向排列，不能走斜线；在同一个平面上的相邻导线间距尽量相等
转角直角	工艺导线在需要转角时，所转角只能是圆滑的 90°角，不能有钝角或锐角
长线沉底	比较长的工艺线必须沿着电工板的"地面"走线，因为如果长线架空敷设，会存在不稳固的隐患
走线成束	多根工艺线向同一个方向敷设时，为了牢固，要求导线间靠近并成束排布
同面不交叉	工艺线在同一个平面敷设时，相互之间不能有交叉
端头处理	导线的端头要根据压线端子的情况绕成合适的羊眼圈或直接头；导线的绝缘层要剥削适度；安装时不能让接线端头裸露过多，一般不能超过 1mm

　　除以上所说的基本原则外，还有接线端头压接要牢固，导线尽量靠近元器件，节省导线长度，与电工板相连的软导线要用软管保护等要求，大家在实际操作时要注意。

实训任务 1　点动控制电路的配线及安装

1.　实训原理图

实训原理图如实训图 5.1 所示。

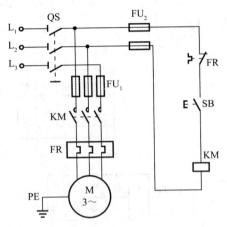

实训图 5.1　三相交流异步电动机点动控制电路原理图

2.　电工板安装电路

1）找到要安装的原理图。

2）选择对应的低压电器。点动控制电路电器元件明细如实训表 5.2 所示。

实训表 5.2　点动控制电路电器元件明细

元件符号	元件名称	元件型号规格	数量
QS	刀开关	HK2-16/3	1
FU$_1$	熔断器	RL1-60/25A	3
FU$_2$	熔断器	RL1-15/2A	2
KM	交流接触器	CJ10-10，380V	1
FR	热继电器	JR36-20/3	1
SB	按钮开关	LA10-2H	1
	接线端子	JX2-1015，10A	1
	导线	BV-2.5mm^2	若干
	导线	BVR-1mm^2	若干
	冷压接头	1mm^2	若干
	电工板	500mm×450mm×20mm	1

3）用万用表检测各个低压电器是否符合质量要求。

4）把各个低压电器按实训图 5.2 所示的位置，用螺钉固定在电工板上，然后按照接线工艺的基本原则进行接线，接线后的效果如实训图 5.2 所示。

5）接线完毕后，对电路再次进行检查，然后接上三相交流异步电动机和三相电源进行试车。如果有问题，应及时处理。

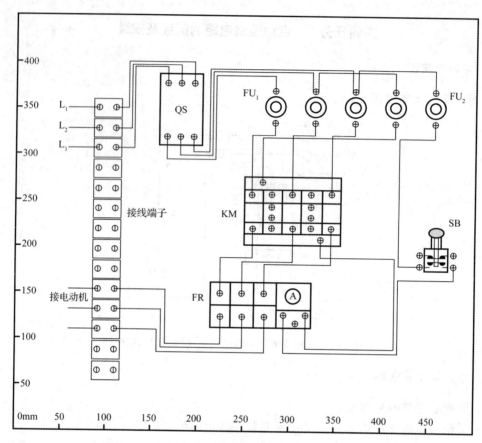

实训图 5.2　三相交流异步电动机点动控制电路接线效果图

实训任务 2　连续运行控制电路的配线及安装

三相交流异步电动机连续运行控制电路的原理图可参见实训图 5.3，电器元件明细如实训表 5.3 所列。下面我们用一块电工板安装这个电路。

1）选择对应的低压电器，具体元件明细如实训表 5.3 所示。

2）用万用表检测各个低压电器是否符合质量要求。

3）把各个低压电器按实训图 5.4 所示的位置，用螺钉固定在电工板上，然后按照接线工艺的基本原则进行接线，接线后的效果如实训图 5.4 所示。

4）接线完毕后，对电路再次进行检查，然后接上三相异步电动机和三相电源进行试车。如果有问题，应及时处理。

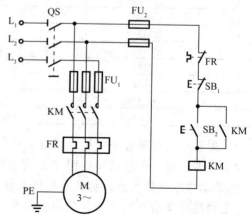

实训图 5.3　三相交流异步电动机连续运行控制电路
原理图

实训表 5.3　连续运行控制电路电器元件明细

元件符号	元件名称	元件型号规格	数量
QS	刀开关	HK2-16/3	1
FU$_1$	熔断器	RL1-60/25A	3
FU$_2$	熔断器	RL1-15/2A	2
KM	交流接触器	CJ10-10，380V	1
FR	热继电器	JR36-20/3	1
SB$_1$	按钮开关	LA10-2H	1
SB$_2$	按钮开关	LA10-2H	1
	接线端子	JX2-1015，10A	1
	导线	BV-2.5mm^2	若干
	导线	BVR-1mm^2	若干
	冷压接头	1mm^2	若干
	电工板	550mm×450mm×20mm	1

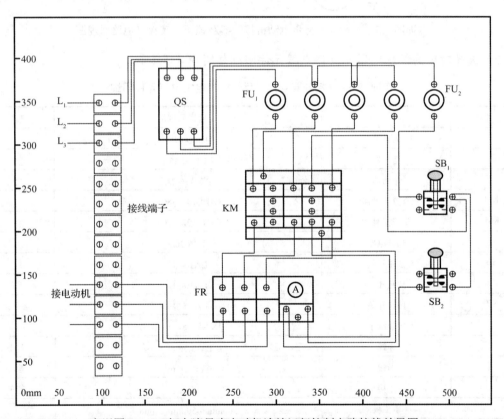

实训图 5.4　三相交流异步电动机连续运行控制电路接线效果图

实训任务 3　接触器互锁正反转控制电路的配线及安装

三相交流异步电动机接触器互锁正反转控制电路的原理图可参见实训图 5.5。下面我们用一块电工板安装这个电路。

1）找到要安装的原理图。

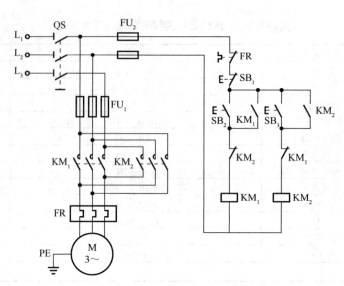

实训图 5.5　三相交流异步电动机接触器互锁正反转控制电路原理图

2）选择对应的低压电器，具体电器元件明细如实训表 5.4 所示。

实训表 5.4　接触器互锁正反转控制电路电器元件明细

元件符号	元件名称	元件型号规格	数量
QS	刀开关	HK2-16/3	1
FU₁	熔断器	RL1-60/25A	3
FU₂	熔断器	RL1-15/2A	2
KM₁	交流接触器	CJ10-10，380V	1
KM₂	交流接触器	CJ10-10，380V	1
FR	热继电器	JR36-20/3	1
SB₁	按钮开关	LA10-2H	1
SB₂	按钮开关	LA10-2H	1
SB₃	按钮开关	LA10-2H	1
	接线端子	JX2-1015，10A	1
	导线	BV-2.5mm²	若干
	导线	BVR-1mm²	若干
	冷压接头	1mm²	若干
	电工板	500mm×450mm×20mm	1

3）用万用表检测各个低压电器是否符合质量要求。

4）把各个低压电器按实训图 5.6 所示的位置用螺钉固定在电工板上，然后按照接线工艺的基本原则进行接线，接线后的效果如实训图 5.6 所示。

5）接线完毕后，对电路再次进行检查，然后接上三相交流异步电动机和三相电源进行试车。如果有问题，应及时处理。

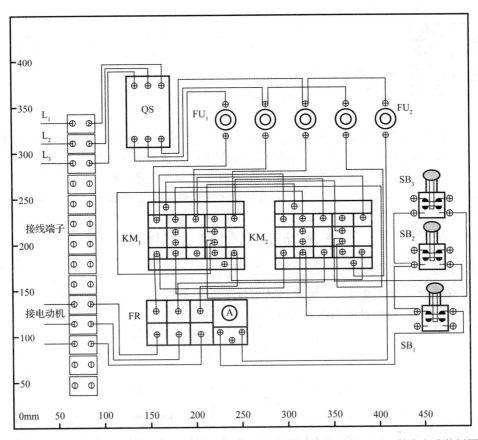

实训图 5.6　三相交流异步电动机接触器互锁正反转控制电路的装板效果图（整个电路装板图）

实训成绩评定（实训表 5.5）

实训表 5.5　实训成绩评定

项目	考核要求	配分	评分细则	自评得分	教师评分
接线	严格按图纸接线，接线正确	40	接线全对不扣分，每接错一处扣 2 分		
外观质量	布线横平竖直，转角圆滑，呈 90°	5	一处不合格扣 1 分		
	长线沉底	5	一处不合格扣 1 分		
	线槽引出线不交叉	5	每交叉一处扣 1 分		
	选线正确	5	不符合要求不得分		
线头处理	线头不裸露	5	线头裸露大于 1mm 扣 1 分		
	羊眼圈弯曲正确	5	反圈或羊眼圈弯曲过大不得分		
	软线头处理良好	5	软线头处理凌乱，每处扣 1 分		
	线头不松动	5	线头松动，每处扣 1 分		
安全操作	穿好工作服、绝缘鞋 爱护电器元件 遵守实训室纪律	20	不穿工作服或绝缘鞋扣 2 分；损坏元件，每个扣 4 分；违反纪律，视情况扣 1～5 分		
		总分			

实训日期：　　年　　月　　日

实训目的 1. 通过装接共射极基本放大电路，提高学生的基本技能和组装电路的工艺水平。
　　　　　2. 通过调整和测试静态工作点，使学生进一步理解共射极基本放大电路的工作
　　　　　　原理，掌握常用的万用表、示波器、信号发生器和晶体管毫伏表的使用。
实训工具 钢丝钳、尖嘴钳、电工刀、电烙铁（带电烙铁支架、焊锡、松香适量）每人1套，
　　　　　万用表1个。
实训器材 晶体管、开关、电容器、电阻器、电位器、裸铜丝、铆钉板。

实训任务

1）安装完成如实训图6.1所示的共射极基本放大电路。
2）调试与检测共射极基本放大电路。

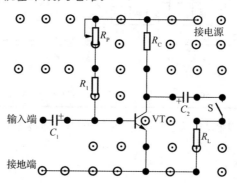

实训图6.1　共射极基本放大电路的装配图

　　交流放大电路是电子设备中最常用的一种基本单元电路，它的任务是不失真地对输入信号进行放大。为了使放大电路能够正常工作，必须设置合适的静态工作点。放大电路的静态工作点，通常都利用偏置电路来建立，一般当电路中 R_E 与 R_C 确定之后，调整工作点主要是调节偏置电路的电阻值。

　　操作步骤如下。

1. 元器件选择及安装要求（实训表6.1）

实训表6.1　元器件的选择及安装要求

电路标号	名称	型号规格	数量	安装要求
VT	晶体管	9013	1	垂直安装，剪脚留1mm
C_1	电解电容器	10μF	1	立式安装，剪脚留1mm
C_2	电解电容器	10μF	1	立式安装，剪脚留1mm
S	开关		1	立式安装，中与下两端子连通
R_1	电阻器	47kΩ	1	卧式安装，尽量贴近电路板，剪脚留1mm

续表

电路标号	名称	型号规格	数量	安装要求
R_C	电阻器	2kΩ	1	卧式安装，尽量贴近电路板，剪脚留1mm
R_L	电阻器	1kΩ	1	卧式安装，尽量贴近电路板，剪脚留1mm
R_P	电位器	2.2MΩ	1	贴近电路板安装
	裸铜丝			搪锡，按图连接各焊点，挺直贴底
	铆钉板		1	

2. 元器件检测

参照实训项目1，用万用表电阻挡对所有元器件做质量检测，并验证引脚或正负极。电解电容器是有正负极的，必须测量验证正负极后才能装入电路板。

3. 安装电路

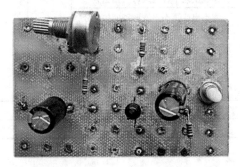

实训图6.2　共射极基本放大电路原理图

1）根据电路原理图进行安装图的设计。原理图如实训图6.2所示，共射极基本放大电路的安装如实训图6.1所示，可以两面布线，以焊点面为主，实线表示焊点一面的连线，虚线表示元件一面的连线，其电路板的正面实物图如实训图6.3所示，焊点面如实训图6.4所示。

按正面装配图，先将元器件脚按电路板安装孔位置成形，后装入元器件，安装顺序是先装小型元器件（如电阻器、晶体管、电容器），后装大型元器件（如扬声器）。

2）焊接与连线。参照单元9中的方法进行元器件各焊点的焊接及连线。

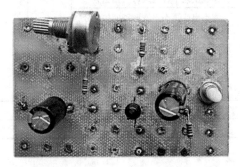

实训图6.3　正面实物图

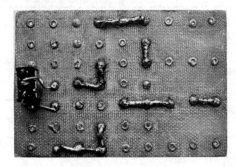

实训图6.4　焊点面

4. 调试与检测

1）安装完成后，对照原理图和装配图进行检查。

2）调整放大电路的静态工作点。断开信号源，将信号发生器输出旋至零，合上开关S，调节R_P，使晶体管的$U_{CE}=1.5V$左右，用万用表测量出U_{BE}的值，将测量的结果记入实训表6.2中。

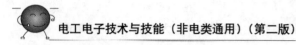

3）测量电压放大倍数。给放大电路输入端输入 $f=1\text{kHz}$、$u_i=5\text{mV}$ 的正弦交流信号，将开关 S 闭合，用示波器观察输出波形，用毫伏表测量输出电压 u_o，记下波形和数据；将开关 S 断开，观察、测量放大电路输出端开路时的输出波形和输出电压 u_{o1}，记下波形和数据。分别计算带负载和空载时的放大倍数，记入实训表 6.2 中。

4）调节 R_p，观察波形变化，并记入实训表 6.2 中。

实训表 6.2　静态工作点对放大倍数、输出波形的影响

工作状态	U_{CE}/V	U_{BE}/V	A_u	输出波形	波形分析
工作点合适					
工作点过高					
工作点过低					

实训成绩评定（实训表 6.3）

实训表 6.3　实训成绩评定表

项目	考核要求	配分	评分细则	自评得分	教师评分
元器件识别和检测	准确识别元器件和引脚、识读参数	10	识别、识读每错一项扣 1 分		
	检测方法正确、操作熟练		方法不正确、操作不熟练扣 2 分		
	测量结果读数准确		结果不准确每项扣 1 分		
布局与安装	设计有创新、布局合理、正确识图	20	酌情扣 1～5 分		
	电阻器贴底卧式安装 电容器立式安装、贴底或留约 3mm		工艺不良每项扣 2 分		
焊接与连线	焊点光滑、无虚焊，焊锡量适中，剪脚留 1mm	25	焊点、剪脚不良每处扣 1 分		
	连线平直，紧贴底板，尽量成纵横分布		连线工艺不合要求每处扣 2 分		
调试与检测	用示波器观察并记录 u_C、u_o 的波形	20	测不出或画不出波形每处扣 4 分		
使用功能	具有正常的功能	15	没有功能或功能不正常扣 10 分		
安全文明	遵守安全操作规范	10	操作不规范扣 3 分		
	无短路、损坏仪器等事故发生		发生短路、仪器损坏等事故扣 5 分		
	工具、元器件等摆放整齐合理		工具、元器件摆放不整齐扣 3 分		
额定工时	45 分钟		超时 10 分钟之内扣 20 分		
总分					

实训日期：　　　年　　月　　日

实训目的　1. 提高学生的基本技能和组装电路的工艺水平。

2. 进一步理解 555 电路的工作原理，熟练万用表、示波器等仪器仪表的使用方法。

3. 通过门铃电路工作原理的分析，训练和提高学生分析问题的能力，使学生更加牢固地掌握 555 集成电路的功能及其应用。

实训工具　钢丝钳、尖嘴钳、电工刀、电烙铁（带电烙铁支架、焊锡、松香适量）每人一套，万用表、示波器。

实训器材　二极管、555 定时器、集成电路插座、按钮开关、电阻器若干、电容器若干、小喇叭、实验板、硬导线。

实 训 操 作

1. 明确安装制作流程

安装用 555 集成电路制作的电子门铃的工艺流程如实训图 7.1 所示。

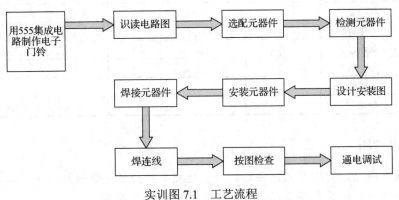

实训图 7.1　工艺流程

2. 识读电路图选择和配置元器件

认真识读电路图（实训图 7.2），同时选择和配置元器件（实训表 7.1）。

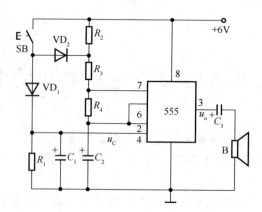

实训图 7.2　用 555 集成电路制作的电子门铃电路图

实训表 7.1　元器件选择及安装要求

电路标号	名称	图形符号	型号规格	数量	安装要求
VD₁、VD₂	二极管	▷⊢	IN4007	2	卧式安装，正负极正确，剪脚留 1mm
IC	555 定时器			1	对 555 定时器引脚整形后安装在集成电路插座上
	集成电路插座		8 脚	1	
SB	按钮开关			1	立式安装，中与下两端子连通
R₁	电阻器		47kΩ	1	卧式安装，尽量贴近电路板，剪脚留 1mm
R₂	电阻器		30kΩ	1	卧式安装，尽量贴近电路板，剪脚留 1mm
R₃、R₄	电阻器		22kΩ	2	卧式安装，尽量贴近电路板，剪脚留 1mm
C₁	电解电容器		47μF	1	立式安装，正极在上端，剪脚留 1mm
C₂	电解电容器		0.047μF	1	立式安装，正极在上端，剪脚留 1mm
C₃	电解电容器		47μF	1	立式安装，正极在上端，剪脚留 1mm
B	小喇叭		0.25W/16Ω	1	
T	实验板			1	
	硬导线				搪锡，按图连接各焊点，挺直贴底

3.　元器件检测

用万用表电阻挡，对所有元器件进行质量检测，并验证引脚或正负极。二极管、电解电容器都是有正负极的，必须测量验证正负极后才能装入电路板。

4.　安装电路

（1）画安装图

根据电路原理图进行安装图的设计，电路元器件安装图如实训图 7.3 所示，门铃电路的焊接装配图如实训图 7.4 所示。可以两面布线，以焊点面为主，实线表示焊点一面的连线，虚线表示元器件一面的连接线。连接线要平直，不能交叉。

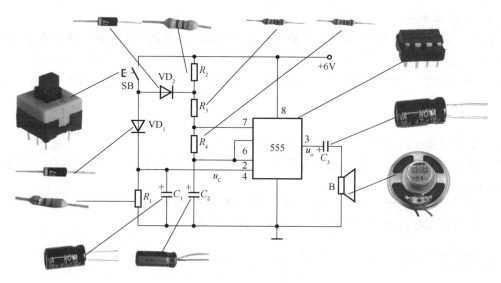

实训图 7.3　电路元器件安装图

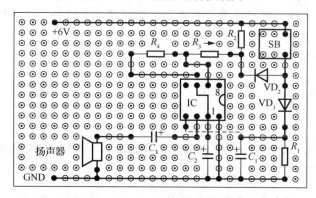

实训图 7.4　门铃电路的焊接装配图

（2）安装元器件

根据正面装配图，先将元器件引脚按电路板安装孔位置成形，后装入元器件，电解电容器、二极管正极朝上。具体要求与安装顺序参照元器件选择表格中的安装要求。一般先装小型元器件（如电阻器、二极管、电容器），后安装大型元器件（如扬声器）。其正面实物图和实际连线图如实训图 7.5 和实训图 7.6 所示。

实训图 7.5　正面实物图

实训图 7.6　门铃电路实际连线图

（3）焊接与连线

焊接与连线如实训图7.6所示，焊接工艺请参照单元8中的8.2节有关焊接的工艺要求。

（4）安装扬声器

固定好扬声器，焊上电源线（用电池或稳压电源）、套上绝缘套管，准备通电。

5. 调试与检测

1）安装完成后，对照原理图和装配图进行检查。

2）用万用表测量接电源两端的8脚和1脚之间是否有短路问题，无误后插上集成电路块，才允许通电。

3）用不同阻值的电阻器替换R_2、R_3、R_4，听铃声如何改变。

4）用不同容量的电容器替换C_2，听铃声如何改变。

6. 简单故障排除

故障实例：按下SB，扬声器不发声。

故障分析：对此故障，可将电路分成电源、振荡等几个模块（包括相关电路元器件及连线）进行检查。

排除故障思路如实训图7.7所示。

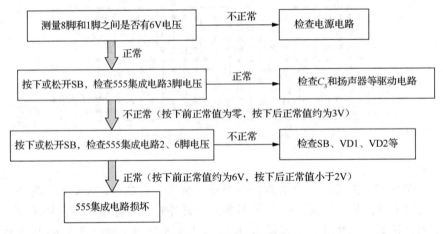

实训图7.7 排除故障思路

实训成绩评定（实训表7.2）

实训表7.2 实训成绩评定表

项目	技术要求	配分	评分细则	自评得分	教师评分
元器件识别和检测	准确识别元器件和引脚、识读参数	10	识别、识读每错一项扣1分		
	检测方法正确、操作熟练		方法不正确、操作不熟练扣2分		
	测量结果读数准确		结果不准确每项扣1分		
布局与安装	设计有创新、布局合理、正确识图	20	酌情扣15分		
	电阻器、二极管贴底卧式安装，电容器立式安装、贴底或留约3mm		工艺不良每项扣2分		

续表

项目	技术要求	配分	评分细则	自评 得分	教师 评分
焊接与 连线	焊点光滑、无虚焊，焊锡量适中，剪脚留 1mm	25	焊点、剪脚不良每处扣 1 分		
	连线平直紧贴底板尽量呈纵横分布		连线工艺不合要求每处扣 2 分		
调试与检测	用示波器观察并记录 u_c、u_o 的波形	20	测不出或画不出波形每处扣 4 分		
使用功能	具有正常的功能	15	没有功能或功能不正常扣 10 分		
安全文明	遵守安全操作规范	10	操作不规范扣 3 分		
	无短路、损坏仪器等事故发生		发生短路、仪器损坏等事故扣 5 分		
	工具、元器件等摆放整齐合理		工具、元器件摆放不整齐扣 3 分		
额定工时	60 分钟		超时 10 分钟之内扣 20 分		
总分					

实训日期：　　　年　　月　　日

主要参考文献

程周，2006．电工与电子技术[M]．2 版．北京：高等教育出版社．

杜德昌，1999．电工基本操作训练[M]．北京：高等教育出版社．

方孔婴，2009．电子工艺技术[M]．北京：科学出版社．

门宏，2006．图解电工技术快速入门[M]．北京：人民邮电出版社．

聂广林，2007．电工技能与实训[M]．重庆：重庆大学出版社．

人力资源和社会保障部教材办公室，2004．电子 CAD[M]．北京：中国劳动社会保障出版社．

王利敏，2005．电路仿真与实验[M]．哈尔滨：哈尔滨工业大学出版社．

曾根悟，小谷诚，向殿政男，2002．图解电气大百科[M]．程君实，刘岳元，陈敏，等译．北京：科学出版社．

曾祥富，2006a．电工基础[M]．2 版．重庆：重庆大学出版社．

曾祥富，2006b．电工技能与实训[M]．2 版．北京：高等教育出版社．

曾祥富，2010．电工技术基础与技能[M]．北京：科学出版社．

张立民，武锐，2009．照明系统安装与维护[M]．北京：科学出版社．

赵承荻，2001．电工技术[M]．北京：高等教育出版社．

朱余钊，1997．电子材料与元件[M]．成都：电子科技大学出版社．

OHM 社，2006．图解电工学入门[M]．何希才，等译．北京：科学出版社．